建筑信息化应用毕业设计指导

（BIM造价管理）

主编　王碧剑　刘师雨　高志坚

中国建筑工业出版社

图书在版编目（CIP）数据

建筑信息化应用毕业设计指导. BIM造价管理 / 王碧剑等主编.
北京：中国建筑工业出版社，2019.3
ISBN 978-7-112-23231-4

Ⅰ.①建… Ⅱ.①王… Ⅲ.①建筑工程 — 工程造价 — 应用软件 — 毕业设计 — 高等学校 — 教学参考资料 Ⅳ.① TU-39

中国版本图书馆CIP数据核字（2019）第014110号

责任编辑：徐仲莉
责任校对：王雪竹

建筑信息化应用毕业设计指导（BIM造价管理）
主编 王碧剑 刘师雨 高志坚
*
中国建筑工业出版社出版、发行（北京海淀三里河路9号）
各地新华书店、建筑书店经销
北京点击世代文化传媒有限公司制版
天津图文方嘉印刷有限公司印刷
*
开本：787×1092毫米 1/16 印张：7 字数：140千字
2019年3月第一版 2019年3月第一次印刷
定价：58.00元（赠课件）
ISBN 978-7-112-23231-4
（33309）

编委会

主　　编：王碧剑　西安建筑科技大学

刘师雨　广联达科技股份有限公司

高志坚　西安建筑科技大学

副 主 编：王　飞　河北工程大学

曹　萍　西安科技大学

倪燕翎　湖北经济学院

参编人员：肖　明　赵宏伟　张昌文

倪家乐　于泽航　王　琨

袁士伟　李春燕　鞠　恺

前　言

近年来，随着建筑信息化的不断发展和深化，建筑类高等院校在专业培养方案、课程设置、教学计划等方面都做出了适时的调整，特别是在毕业设计阶段均加入了信息化的要求，以适应市场的需要。但是，目前市场上还没有一本用以指导建筑类专业在信息化背景下做毕业设计的书籍。针对此种现状，我们组织相关高校老师和企业专家编写了这本关于建筑类专业信息化背景下做毕业设计的指导书，以供高校教师和毕业生选择参考。

本教材基于第四届全国高等院校 BIM 毕业设计大赛特等奖案例进行编写，并结合目前建筑市场最新的 BIM 技术进行了完善和深化。教材从毕业设计任务书下放、典型案例选取、团队协调分工、BIM 土建安装建模、BIM 招标控制价编制、BIM 招标策划、BIM 资信标的编制、BIM 经济标的编制、BIM 毕业设计成果评价标准等方面，详细地介绍了编制 BIM 毕业设计的流程和软件的使用，具有很强的操作性和可学性。书中还特别甄选了部分 BIM 优秀案例展示，以增加学生学习的兴趣，拓展学生的视野。

本教材知识体系完善、专业化程度高、知识覆盖面广、信息量大、理论结合实例、图文并茂，具有较强的前沿性、创新性、知识性和实用性。特别是在 BIM 技术应用方面，详细地讲解了所涉及的 BIM 软件及其操作步骤，可学习性和可操作性非常强。在编写过程中，作者力求概念准确、内容新颖、用词及符号规范、易于理解上手。

本教材属于系列教材，根据建筑类专业的特点，并结合建筑类院校开设专业的不同以及各院校毕业设计方向的差异，分为《建筑信息化应用毕业设计指导（BIM 施工管理）》和《建筑信息化应用毕业设计指导（BIM 造价管理）》，以供不同的院校专业选择。该系列教材在写作过程中是以最新的规范和规程为基础，严格按照建筑工程建设的基本程序和普遍规律进行设计，对建筑工程管理的全过程进行了全真模拟，既符合学校对学生毕业设计的要求，也能够满足社会企业对大学生实践能力的需求。

本教材在编写和出版过程中，得到了全国各高等院校及众多同行的大力支持和帮助，同时获得了中国建筑工业出版社的鼎力相助。在此，谨向为本教材编写与出版付出辛勤劳动的各院校、老师们、中国建筑工业出版社及编辑表示衷心的感谢。

由于本人水平有限加之时间紧张任务繁多，书中难免存在疏漏和不妥之处，敬请专家、学者和广大师生批评指正，提出宝贵意见，以便及时修订完善。

本书课件获取方式为发送邮件到 350441803@qq.com。

目　录

1

BIM 造价管理毕业设计任务书

国内建设工程早已开展基于图形算量模式的工程算量及计价，利用图形算量方式进行工程计量、计价工作，首先要做的工作就是利用二维图纸在图形算量软件中进行三维建模，然后再进行算量，形成分部分项工程量清单计价表，再利用这个工程量表以及定额，进行计价工作。

随着 BIM 技术在国内建设工程中不断深入运用，也给传统方式的图形算量工作带来了巨大的挑战。按以前的传统方式，首先设计院要完成二维图纸的设计工作，形成施工图，然后利用施工图在图形算量文件中进行建模、算量。

当前 BIM 技术越来越受到建设单位（业主方）的重视，尤其是在一些大型的、复杂的公共建筑项目中，BIM 技术已被作为必备的技术选项，设计院开始利用 BIM 技术进行三维设计，而不再是沿用传统的二维图纸方式进行设计。

那么在基于 BIM 技术的建设工程中，如果仍然采用以前的算量工作方式，在图形算量软件中建模，就会造成了重复建模的问题，还可能会造成新建的算量模型与原设计模型不符的问题，这都将给工程计量工作带来极大的不便，为建设单位招标文件编制工作带来不利影响。

为适应社会对采用 BIM 技术的建设项目对造价人员的新需求，我们在大四本科生中开展基于 BIM 技术的造价管理毕业设计。基于 BIM 技术的造价文件编制毕业设计是培养学生综合运用本专业基础理论、基本知识、基本技能去分析解决实际问题，提升专业素质的一个重要教学实践环节；也是工程管理专业课程理论教学与实践教学的继续深化及检验。通过 BIM 毕业设计（造价管理），能有效提升同学们对工程项目编制造价文件内容及实施方法的熟悉及掌握程度，切实加强学生对工程项目管理、投资与工程造价管理与合同管理等方面工作的专业水平和实操能力。

通过基于 BIM 技术的造价文件编制的毕业设计，可以培养学生以下能力：

1）复习和巩固所学专业知识，培养综合运用所学理论知识和专业技能解决工程实践问题的能力；

2）培养学生在工程招投标阶段运用 BIM 技术编制招标文件，形成招标控制价的能力；

3）培养学生调查研究与信息收集、整理的能力；

4）培养和提高学生的自主学习能力、运用计算机辅助解决项目管理相关问题的能力；

5）培养学生独立思考和解决实际工程问题的能力，具有工程能力和应用技能；

6）培养和锻炼学生的沟通能力、团队协作的能力。

1.1　基于 BIM 技术的造价文件编制毕业设计工作阶段划分

根据 BIM 技术的特殊要求，我们对毕业生在实施基于 BIM 技术的造价文件编制毕业设计任务书做了适当的调整。在毕业设计全过程采用 BIM 技术相关软件，毕业设计主要工作包括如下几个阶段：

1. 建模阶段。一般来讲，采用 BIM 技术的建设项目，在设计阶段就可以利用 BIM 技术进行三维设计，形成项目的三维设计模型。当前在设计工作中，常用的三维设计软件为 AutoCAD 公司的 Revit 软件。毕业设计的建模阶段，可以理解为模拟设计单位利用 Revit 软件进行三维设计。这种模拟过程可以利用实际项目的施工图纸，翻建三维模型的方式进行。考虑到每人一题的要求，工程项目不宜过大，建筑面积在 5000m^2 左右较为合适。考虑到要对整个工程进行造价文件编制，因此，建议学生们践行团队作业方式，3 ~ 5 名学生组成协作团队，分别由不同的学生对土建工程进行建模，同时也对机电安装工程进行建模。在各自建模过程中，还需要修正原设计图纸中存在的错漏，并在完成建模后在机电模型间、机电模型与结构模型间进行碰撞检测，进一步修正原设计图纸。碰撞检测软件可以采用 Navisworks 软件。

2. 图形算量阶段。利用建模阶段建立的三维 BIM 模型，导入到图形算量软件中，我们采用的图形算量软件为广联达 BIM 土建计量平台 GTJ2018，该软件已经将原来的土建计量软件 GCL 和钢筋计量软件 GGJ 功能集成在一起。图形算量的结果为分部分项工程量清单。这里需要说明的是，在由 Revit 模型导入到广联达算量软件过程中，由于软件兼容性问题，导入的模型会出现部分破损、错误等现象，这时，需要同学们在广联达图形算量软件中对出现破损及错误的模型进行修复。另外，如果有的学校实验室计算机硬件图形加速功能不强，可以考虑不要在 Revit 中建钢筋模型，只利用 Revit 建立建筑模型，钢筋模型直接在广联达图形算量软件中进行建模。

3. 计价阶段，将分部分项工程量清单文件导入广联达计价软件 GBQ4.0 或广联达云评价平台 GCCP5.0 进行计价，结合在 BIM5D 阶段所形成的施工措施，包括：垂直运输工具的选择、脚手架的设计、季节性施工措施等设计方案，并形成分部分项工程量清单计价表、措施项目清单计价表、分部分项工程量清单综合单价分析比、措施项目清单综合单价分析表、汇总表、税金及规费表、主材料价格表等文档，最终确定招标控制价。

4. 编制招标投标文件阶段。将上述阶段形成的阶段成果，利用广联达标书制作软件，编制招标投标文件。招标投标文件包括的主要内容有：

（1）投标人须知。内容有：总则、招标文件、投标文件、投标、开标、评标、合同授予、重新招标与不再招标、清单计价软件及投标电子版。

（2）评标办法。

（3）合同条款及格式。

（4）工程建设标准。

（5）投标文件格式。内容有：商务标要求（法人身份证明书、投标文件签署授权委托书、投标函、招标文件要求和投标人提供的投标保证金收据复印件、对招标文件及合同条款的承诺）、商务标工程量清单部分（投标报价说明、投标主要指标汇总表、单项工程造价汇总表、分部分项工程清单计价表、措施项目清单计价表、其他项目清单计价表、规费税金项目清单计价表、分部分项工程清单综合单价分析表、措施项目费综合单价分析表、主要材料价格表、单位材料价格表、单位工程主材表、单位工程设备表）

（6）工程量清单。

5. 形成毕业设计报告阶段。根据前面各个阶段的工作，将各阶段成果整理形成毕业设计报告书。

1.2 基于 BIM 的毕业设计任务书

基于 BIM 技术的造价文件编制工作内容，我们给出以下基于 BIM 技术的造价管理毕业设计任务书（见表 1-1）。

毕业设计任务书　　表 1-1

一、基于 BIM 的造价管理毕业设计的主要内容（含主要技术参数） （一）内容结构 基于 BIM 的造价管理毕设内容包括以下部分： 1. 基于 BIM 的土建工程模型建立（包括建筑模型及结构模型）; 2. 分部分项工程量清单编制； 3. 编制施工进度网络图、三维场地布置、脚手架设计图等； 4. 编制施工组织设计文档及造价文件； 5. 录制动态视频以及三维漫游动画。

续表

（二）具体内容

1. 模型建立（建筑模型、结构模型及机电模型）

利用工程案例项目施工图纸，将工程案例通过 Revit 2016 软件完成结构模型、土建模型以及机电模型的建立，分别形成单独的模型文件。将模型文件导入 Navisworks 软件进行模型碰撞检测，包括建筑模型、结构模型之间的碰撞、结构模型与机电模型之间的碰撞，在 Revit 2016 中修改存在冲突的模型。

2. 分部分项工程量清单编制

（1）基于 BIM 的土建模型算量

将 Revit 结构模型及土建模型导入广联达 BIM 土建计量平台 GTJ2018 软件，检查导入的模型是否存在错漏的地方，由于兼容性问题，一般将 Revit 模型导入广联达算量软件后，容易产生模型的破损或者错漏之处，需要人工进行修复。

（2）基于 BIM 的安装模型算量

将 Revit 安装模型分专业分别导入广联达 BIM 安装计量软件 GQI2017 中，通过智能化的识别，进行工程量统计。

3. 编制施工进度网络图、三维场地布置、脚手架设计图

利用广联达 BIM 施工现场布置软件，通过 GCL/GTJ 文件导入以及内置构件，完成三维场地策划；利用斑马·梦龙网络计划软件完成施工网络规划，检测网络规划中可能存在的逻辑错误，并计算关键路径；利用广联达 BIM 模板脚手架设计软件，进行模板脚手架方案可视化设计，绘制施工图纸、计算书、计算材料用量等。

4. 编制招标文件，确定招标控制价

利用广联达清单计价软件 GBQ4.0/GCCP5.0，完成 BIM 造价文件的编制，确定招标控制价。利用广联达招投标沙盘执行工具编制招标策划文件；利用广联达 GBQ4.0/GCCP5.0 和广联达电子招标文件编制工具编制招标文件一份。

招标文件主要内容包括：

（1）投标人须知；

（2）评标办法；

（3）合同条款及格式；

（4）工程建设标准；

（5）投标文件格式（商务标、商务标工程量清单部分）；

（6）工程量清单。

5. 编制招标文件

利用广联达 GBQ4.0/GCCP5.0 和广联达电子投标文件编制工具编制投标文件一份。

6. 录制动态视频以及三维漫游动画

利用广联达 BIM 5D 软件，结合梦龙网络计划软件制作的施工网络计划，进行动态施工模拟，观察资源及成本消耗状态，检查施工流水作业方式是否存在逻辑错误，依据资源消耗的动态模拟，优化施工进度安排。最后录制动态施工模拟视频；将场布软件建立的三维施工场地布置模型（建议使用 Revit 建立相关三维场地模型）导入 3D 引擎中（Lumion 或者 Unity 3D）中，使用其关键帧动画录制功能，录制三维现场布置漫游视频；将建好的建筑模型导入 3D 引擎中，利用其关键帧动画录制功能，录制拟建建筑三维虚拟场景漫游视频。

造价书将根据工程量清单以及编制完成的土建单位工程的施工组织设计，运用《×××省建设工程工程量清单计价规则》、《×××省建筑装饰工程消耗量定额》、《×××省建筑装饰工程价目表》、《×××省建筑工程、安装工程、装饰工程、市政工程、园林绿化工程参考费率》，结合生产要素的市场价格、相关信息及自行确定的投标策略，确定某土建单位工程的造价。

二、毕业设计（论文）题目应完成的工作

成果要求

1. 分别提交 Revit 钢筋、土建及机电模型文件、广联达图形算量模型文件，计价工程成果文件（电子版）。

提交模型图片（土建、钢筋、机电模型平面、立面、三维（系统）图片各一张）。

2. 根据选择的案例工程分别对土建和安装的造价指标进行合理性分析（主要分析造价指标），统一汇总到 Excel 表中，名称命名为“XXX 工程造价指标分析表”。

3. 招标文件一份。

4. 工程量清单及招标控制价。

续表

5. 招标策划文件一份。

6. 商务标书一份。

7. 提交录制的施工模拟动画视频、三维场布虚拟场景动画视频、拟建建筑虚拟场景漫游视频。

8. 提交毕业设计报告书一份，内容包括毕业设计任务书、施工组织设计以及造价文档，提供答辩 PPT 文案电子版一份。

9. 所有提交内容均需要提供电子版一份。

三、毕业设计（论文）进程的安排

序号	设计（论文）各阶段任务	日期	备注
1			
2			
3			
4			
5			

四、主要参考资料及文献阅读任务（含外文阅读翻译任务）

1.《施工组织设计快速编制手册》，赵志缙、徐伟主编，中国建筑工业出版社，1997 年；ISBN：7-112-03282-2。

2.《建筑工程施工组织设计与施工方案（第 3 版）》，北京土木建筑学会编，经济科学出版社，2008 年，ISBN：9787505867567。

3.《建筑工程施工组织设计实例应用手册》，彭圣浩编，中国建筑工业出版社 2016 年，ISBN：978-7-112-18986-1。

4.《工程估价》，王雪青主编，中国建筑工业出版社，2011 年，ISBN：978-7-112-13352-9

5.《工程计价与造价管理（21 世纪高等学校规划教材）》，李建峰主编，中国电力出版社，2005 年，ISBN：9787508335629。

6.《工程量清单的编制与投标报价》，广联达科技股份有限公司工程量清单专家顾问委员会，中国建材工业出版社，2004 年，ISBN：9787801594884。

7.《工程量清单的编制与投标报价》，刑莉燕主编，山东科学技术出版社，2005 年，ISBN：9787533136048

8.《陕西省建设工程工程量清单计价规则》，陕西人民出版社，2009 年，ISBN：978-7-224-09281-3。

9.《陕西省建筑、装饰工程消耗量定额》（上、中、下册），陕西科学技术出版社，2004 年，ISBN：9787536937604。

10.《陕西省建筑 装饰工程价目表》（第 1 ～ 14 册），甘肃民族出版社，2006 年。

11.《陕西省建筑工程、安装工程、装饰工程、市政工程、园林绿化工程参考费率》，2009 年。

12. 材料市场价格及标准图集等

13.《建筑施工手册》（第五版），中国建筑工业出版社，2012 年，ISBN：978-7-112-14688-8。

五、任务执行日期

六、审核批准意见

教研室主任签（章）

主管院长（主任）签（章）

2

BIM 工程案例

本章我们将通过实际工程案例，来介绍如何开展基于 BIM 的毕业设计工作。在 BIM 毕业设计工作开始之前，首先要选择合适的工程项目，一般毕业设计的时间为 14 ~ 16 周左右，这其中包括毕业实习、毕业设计、答辩等环节。因此工程的选择就显得尤为重要，如果工程量太大，学生无法在规定的时间内完成毕业设计；如果工程量太小，学生的毕业设计工作量又显不足。因此，选择一个适合的工程项目作为毕业设计案例，尤为重要。

2.1 选图依据及方法

如果按照一人一题的毕业设计要求，建议案例工程项目的总建筑面积不宜超过 5000m^2；如果按照分组方式，多人（3 ~ 5 人）完成一个案例工程项目，虽然也是一人一题（每人的方向不同），可以将案例工程的工程量放大到 15000m^2 左右。

案例工程应选择实际工程，如果有条件，可以安排学生在毕业实习阶段，前往该实际工程进行实习，了解工程的详细施工状况。即便不能安排学生进入工程进行实习，也可以通过外围观察了解该项目施工（或运营）的状况，使学生对自己的设计方案有感性的认识。

案例工程项目的图纸要全，我们建议案例工程要有完备的全套施工图纸，包括建筑施工图、结构施工图、给水排水施工图、暖通施工图、电气施工图等。建筑的结构类型不限，但现在更多的是剪力墙结构、框架结构以及框架剪力墙结构类型，钢结构及砖混结构的建筑不如上述结构类型的建筑多，所以，一般会选择常见结构类型的建筑作为案例工程，这样会更容易获得项目的施工图纸。

本章介绍的实际工程案例为某高校大学生活动中心项目工程。

2.2 BIM 工程案例背景信息

2.2.1 工程总体概况

案例工程实景如图 2-1 所示。

图 2-1 案例工程实景图

案例工程总体概况如表 2-1 所示。

工程总体概况　　表 2-1

项目名称	某高校大学生活动中心
建设单位	某高校
设计单位	某高校建筑设计研究院
建设地点	陕西省西安市
结构形式	框架剪力墙结构
总建筑面积	14850m^2
建筑功能	大学生活动中心（报告厅 1118 座、活动室、办公室、附属用房等）
计划开 / 竣工时间	开工时间：2016 年 8 月 1 日，竣工时间：2017 年 9 月 14 日，总工期为 410 日历天
工程承包范围	土建工程、安装工程、抹灰工程、门窗工程、楼地面装饰工程、精装修、图纸及合同约定的内容

2.2.2 建筑设计

建筑设计概况如表 2-2 所示。

1. 填充墙：卫生间、电梯井管道井的隔墙采用 200mm 及 120mm KP1 型多孔砖，

M5 混合砂浆砌筑；外围护墙、舞台、报告厅及其余内隔墙墙体采用 200mm 及 120mm 非承重空心砖，M5 混合砂浆；与土壤接触的墙体，采用 200mm MU15 混凝土普通砖，Mb7.5 水泥砂浆砌筑，其余内隔墙采用 200mm 及 120mm 非承重空心砖，M5 混合砂浆砌筑。

建筑设计概况表 **表 2-2**

<table>
<tr><td>建筑基底面积</td><td colspan="4">3960m^2</td></tr>
<tr><td rowspan="2">总建筑面积</td><td colspan="2" rowspan="2">14850m^2</td><td>地上部分</td><td>13556.64m^2</td></tr>
<tr><td>地下部分</td><td>1023.36m^2</td></tr>
<tr><td rowspan="2">—</td><td colspan="2">层数</td><td rowspan="2">建筑高度（m）</td><td rowspan="2">总建筑面积（m^2）</td></tr>
<tr><td>地上</td><td>地下</td></tr>
<tr><td>主体结构</td><td>6</td><td>1</td><td>31</td><td>13600</td></tr>
<tr><td>自行车库、台阶</td><td>1</td><td>—</td><td>4.1</td><td>1250</td></tr>
<tr><td colspan="5">建筑装修做法</td></tr>
<tr><td>地面</td><td colspan="4">条石踏步台阶、花岗石面层坡道、地砖地面（有防水）、水泥砂浆地面（有防水）、水泥砂浆地面、磨光花岗石地面、地砖地面</td></tr>
<tr><td>内墙面</td><td colspan="4">釉面砖防水墙面、水泥砂浆涂料墙面、玻璃棉毡板网吸声墙面、干挂大理石、花岗石板墙面、乳胶漆墙面</td></tr>
<tr><td>外墙面</td><td colspan="4">合成树脂乳液、外墙涂料（薄型）、合成树脂乳液、真石涂料、干挂石材墙面</td></tr>
</table>

2. 墙身防潮：水平防潮层设于底层室内地面以下 60mm 处，做法为 20mm 1∶2.5 水泥砂浆内掺抗渗水泥重量 3%～5%；当室内墙身两侧有高差时，在邻土的一侧做竖向防潮层（用料与水平防潮层一样），以保证防潮的连续性；当墙基文混凝土、钢筋混凝土或石砌体时，可不做墙体防潮层。

3. 门窗：塑钢门、塑钢窗、防火门、平开门。

4. 玻璃幕墙：采用明框断桥铝合金遮阳型离线 LOW-E 中空安全玻璃，框料为黑棕色，经氟碳漆喷涂处理，外层玻璃采用灰蓝色。

5. 屋面防水：屋面防水等级为一级，两道防水设防。

6. 外墙防水：采用 5mm 干粉类聚合物防水砂浆，设于墙体找平层上；砂浆防水层设 8～10mm 宽水平和垂直分隔缝，水平缝设于每层窗口上沿。

7. 地下室防水：地下室底板、侧墙和外凸在室外地坪下顶板的设计防水等级二级，采用两道防水设防。

8. 卫生间、其他有水的用房，楼地面采用聚乙烯丙纶复合防水卷材，沿墙翻起高度为 200 高。

9. 建筑防火：全楼共设 12 个防火分区，6 部疏散楼梯。其中 1#、2# 楼梯为开敞楼梯间，3#、4#、5#、6# 楼梯为封闭楼梯间、封闭楼梯间的门为乙级防火门，并向疏散方向开启。

10. 节能设计：

1）屋面：采用 60mm 聚 XPS 板做保温层；

2）外墙：保温为 60mm 聚 XPS 保温板；

3）外门窗：塑钢透明中空玻璃、断桥铝合金高透光在线 LOW-E 中空玻璃。

2.2.3 周边环境

本项目位于西安市某高校新校区，项目场地位于该校宿舍区、教学区之间，周围环境较为复杂，对施工安全、噪音控制、环境控制要求较高。现场北侧为教学区，有一条校内双向四车道供学校师生正常出行使用，南向 60m 为学生食堂，东西两侧均为学生宿舍区，伸展范围有限，施工场地呈南北狭长、东西窄的特点。项目地点位于西安市鄠邑区与长安区交界处，距西安市中心约 46km，距施工现场 1km 校区范围内有富余的场地可供土方开挖阶段堆土使用，在一定程度上可减少运输成本。现场临水接驳点位于场地北侧，临电接驳点位于场地西北侧，均为市政供水 / 电。

2.2.4 结构设计概况

1. 建筑分类等级及结构标准（见表 2-3）。

建筑分类等级及结构标准 表 2-3

建筑类别	建筑物抗震设防类别	建筑结构安全等级	结构抗震等级		地基基础设计等级
			框架	抗震墙	
公共建筑	乙类	二级	二级	一级	乙级

框架部分按抗震等级为一级采取抗震措施。

2. 混凝土

1）混凝土环境类别及耐久性要求（见表 2-4）。

混凝土环境类别及耐久性要求 表 2-4

部位	构件	环境类别	最大水灰比	最小水泥用量	最大氯离子含量	最大碱含量
地上	室内	一类	0.60	225kg/m^3	1.0%	不限制
	外露	二 b 类	0.55	275kg/m^3	0.2%	3.0kg/m^3
地下	与土壤接触	二 b 类	0.50（水胶比≤ 0.5）	280kg/m^3	0.2%	3.0kg/m^3

2）混凝土强度等级（见表 2-5）。

混凝土强度等级 表 2-5

墙、柱	标高	基础顶～屋面	
	强度等级	C40	
梁、板	标高	基础顶～屋面	
	强度等级	C40	
部位或构件	基础	过梁、构造柱、圈梁	基础垫层
强度等级	C35	C25	C15

3. 地基与基础

1）在采用机械开挖基坑时，在接近设计标高时必须预留一定厚度的土层使用人工挖掘。

2）基础底部垫层厚度 100mm，每边扩出基础边缘 100mm。

3）基础部分的防水混凝土构件内部设置的各种钢筋或绑扎铁丝不得接触模板。

4）防水混凝土应连续浇筑，少留施工缝。

5）基础和地下室施工完成后应及时回填，确保建筑物地基承载力、变形和稳定要求；散水、地面、踏步等回填土需分层回填夯实，回填土采用天然砂卵石，其压实系数不小于 0.95。

4. 框架构造要求

1）框架柱的梁柱节点区，节点区内的混凝土强度等级相差一个等级内，可按照低等级施工；相差两个等级及以上，按照高等级施工。

2）主次梁高度相同时，次梁的下部纵向钢筋应置于主梁纵向钢筋之上。

3）梁的纵向钢筋需要设置接头时，底部钢筋应在距离支座 1/3 跨度范围内接头，上部钢筋应在梁中 1/3 跨度范围内接头。

2.2.5 项目重难点分析

1. 场地内交通组织。该施工场地狭长，尤其是基坑东西两侧在回填土之前施工车辆通行有些困难，给场地内交通组织造成了一定的不便。

2. 桁架跨度大。报告厅上方钢结构桁架重量较大，结构复杂，跨度较大，由于场地限制无法一次整体吊装。

3. 高大支模及大跨度梁施工难度大。本工程二层中段、四层最低点高达 8m 及 10.1m，舞台上方梁跨度达到 18m，涉及大跨度梁以及高支模板体系的建立、混凝土浇筑、养护等问题。

4. 安全文明施工要求高。本工程北侧距教学楼不足 50m，东西两侧距学生宿舍不足 20m，场地施工的噪音以及塔吊运转都将对学校的正常教学活动产生不利影响，土方开挖阶段对环境保护也提出较高的要求。

2.3 团队分工与合作

2.3.1 团队分工原则

该项目总建筑面积接近 15000m^2，工程量较大，由 5 名同学组成合作团队，共同完成该项目的 BIM 毕业设计工作，每一位同学面向的方向不同，可以单独选题设置。团队成员的具体工作划分可以遵照以下原则：

1）每一位同学的工作量尽量均衡；

2）每一位同学尽可能地参与 BIM 毕设的全过程，学会使用多种软件；

3）每一位同学的毕业设计题目不能一样，一人一题；

4）团队中人员超过 3 人，则应考虑整个团队的工作要包含安装工程的 BIM 施工。

根据以上原则以及案例工程的情况，五位同学的分工如表 2-6 所示。

团队分工及毕业设计选题表　　表 2-6

序号	人员	分工	毕设选题
1	同学 1	土建	基于 BIM 技术的 ××× 工程施工组织设计及造价的编制
2	同学 2	土建	基于 BIM 技术的 ××× 工程主体工程招标文件编制
3	同学 3	安装（给水排水）	基于 BIM 技术的 ××× 工程给水排水工程招标文件编制
4	同学 4	安装（暖通）	基于 BIM 技术的 ××× 工程暖通工程招标文件编制
5	同学 5	安装（电气）	基于 BIM 技术的 ××× 工程机电安装工程招标文件编制

2.3.2 团队工作流程

具体分工可以按照工作流程图 2-2 所示。

1. 分组建模

其中同学 1、同学 2 为土建小组，同学 3 ~ 同学 5 为机电安装小组。土建小组的同学负责完成土建工程的建模工作，包括土建建模和钢筋建模；机电安装小组负责机电安装工程的建模工作，包括给水排水工程、暖通工程和电气工程的建模。

2. 碰撞检查

两个小组分别完成建模工作后，利用 Navisworks 软件进行碰撞检测，主要检查建筑与结构之间的不合理关系问题，比如扶手、栏杆与柱子之间的关系；检查结构与管

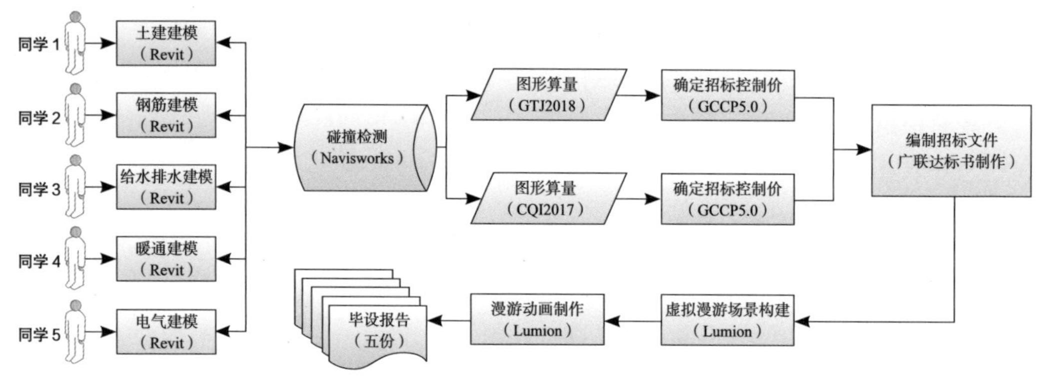

图 2-2　毕业设计分工流程图

线之间的关系，是否存在相互碰撞的问题；检查暖通管线、电气桥架、给水排水管线、校方管线之间的关系是否合理等。发现错漏部分，返回到 Revit 中修改模型。

3. 图形算量

在模型确认无误后，导入到广联达图形算量软件中，进行图形算量。土建小组将土建模型导入到 GTJ2018 软件中进行图形算量。机电安装小组将模型导入到广联达 GQI2017 软件中进行图形算量。在将 Revit 模型导入到广联达算量软件中时，有可能会出现模型破损或者错误情况，这主要是由于两种软件之间的兼容性问题造成，需要同学在图形算量软件中将错误的模型进行修改和调整。

4. 确定招标控制价、编写招标文件

算量工作完成后，将算量的工程文件或者导出的 Excel 文件导入到广联达计价软件 GBQ4.0，在招标管理模块下进行组价，组价完成后自检导出形成一份包含工程量清单 XML 文件和招标控制价的电子招标书；然后打开广联达电子招标文件编制工具，填写招标文件的相关信息，导入电子招标书包含的工程量清单 XML 文件，操作完成后，最终生成一份后缀为“.BJZ”的电子版招标文件。

5. 虚拟漫游展示

利用 Lumion 软件共同完成虚拟场景的搭建（需要高性能计算机硬件支持），将模型导入 Lumion 软件进行漫游，并录制漫游视频，利用视频编辑软件（会声会影等）对录制的视频进行编辑，加入解说和配音，形成 3D 动画视频。

根据任务要求，每个同学完成自己的毕业设计报告的编制工作，并准备 PPT 演讲稿准备答辩。

3

BIM 模型建模

团队成员分工协作，集体研究图纸，协商分解任务、图纸，按照任务要求将图纸分解成建筑、结构、强电弱电、给水排水、采暖通风图纸，根据分工、任务和图纸分别用 Revit 完成建筑、结构、强电弱电、给水排水、采暖通风模型，利用插件将建好的模型导出为 GFC 文件，然后将 GFC 文件分别导入广联达 BIM 土建计量平台 GTJ2018 组建成完整的钢筋土建算量模型，导入广联达 BIM 安装算量软件 GQI2017 组建成完整安装算量模型。图 3-1 为 BIM 建模流程图。

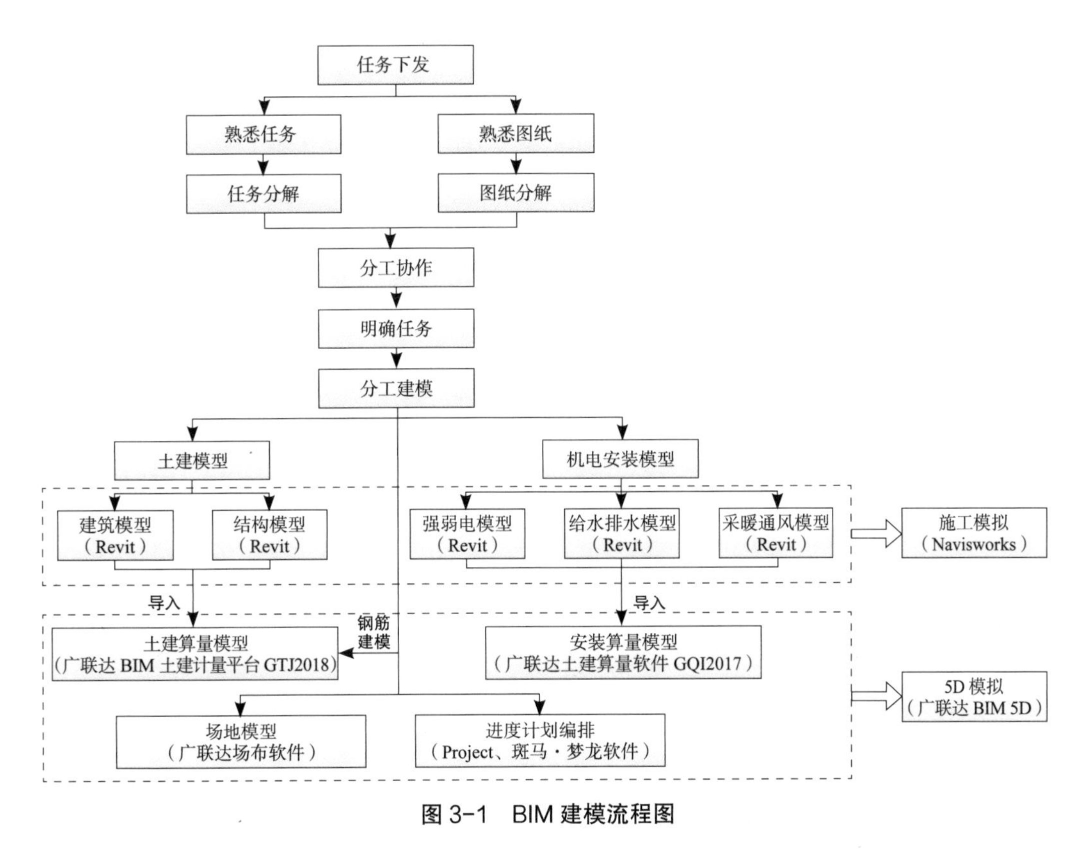

图 3-1 BIM 建模流程图

3.1 土建工程 BIM 建模

3.1.1 Revit 土建建模

在用 Revit 建立模型之初，必须考虑后续的信息整合与使用方式，具体过程如下：

1. 开始新项目：进行建模之前，需进行项目设定工作，其中分成设置项目和建立敷地平面两项工作，在设置项目时，其过程为：

建立项目→指定项目信息→指定地理位置→建立营造阶段→提供模型上下链接信息。

2. 建立模型：进行模型绘制，其过程为：

建模初期设置→加入基本建筑元素→监视模型→加入更多元素到模型→精细化模型。该工程模型如图 3-2 所示。

图 3-2　活动中心三维精细模型图

3. 建立模型文件：为了更好地与其他模型融合，共享模型信息，需要进一步完善模型信息，形成完整的模型工程文件，其过程为：

建立模型图面→批注图面→建立明细表→加入详图→精细化图纸→共享模型工程文件→追踪修订信息。如图 3-3、图 3-4 所示。

4. 方案展现：整合不同专业模型为一个完整模型，各专业在完整模型的基础上，协同方案设计，制定 BIM 协同实施方案。

3.1.2 GTJ2018 算量建模

在熟悉图纸、理解任务、Revit 模型建好后，按照分工和计划，进入算量模型建

图 3-3 基础模型细部标注图

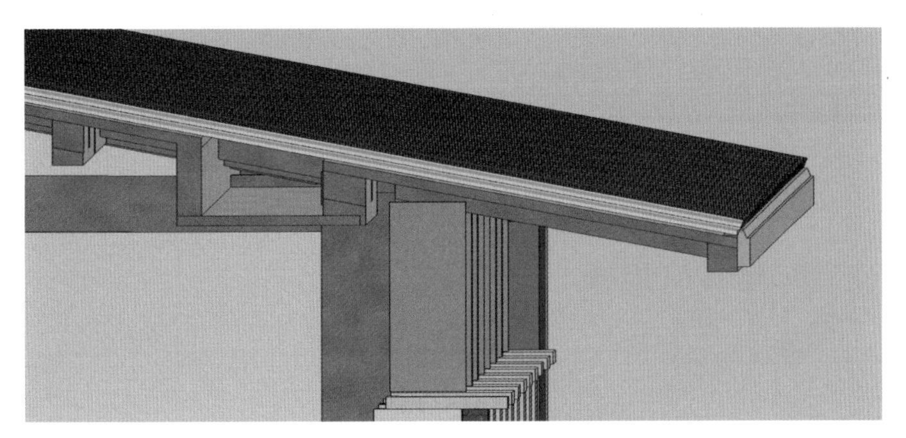

图 3-4 天沟挑檐模型图

立阶段。算量模型的建立可以采用两种方法：一是将已经建好的 Revit 模型直接导入 GTJ2018，然后进行手动局部修改；二是直接在 GTJ2018 二合一算量软件里新建模型。

第一种办法建模程序：打开 GTJ2018 →导入 Revit 模型→检查模型完整性→添加钢筋模型→套取清单→汇总计算。

该方法建模时间可能短一些，但由于 Revit 与 GTJ2018 的兼容性问题，导入过程可能会出现大量数据的丢失，在后期检查和手动补齐的过程中比较麻烦，大大降低了建模的速度，也影响模型质量。如果兼容性完好，此种办法最优。

第二种办法建模程序：双击打开 GTJ2018 →新建工程→导入 CAD 图纸→识别和新建构建→套取清单→汇总计算。如图 3-5 所示。

该方法建模时间可能稍微长一点，但是一气呵成，无需进行模型修补，算量模型质量有保证。

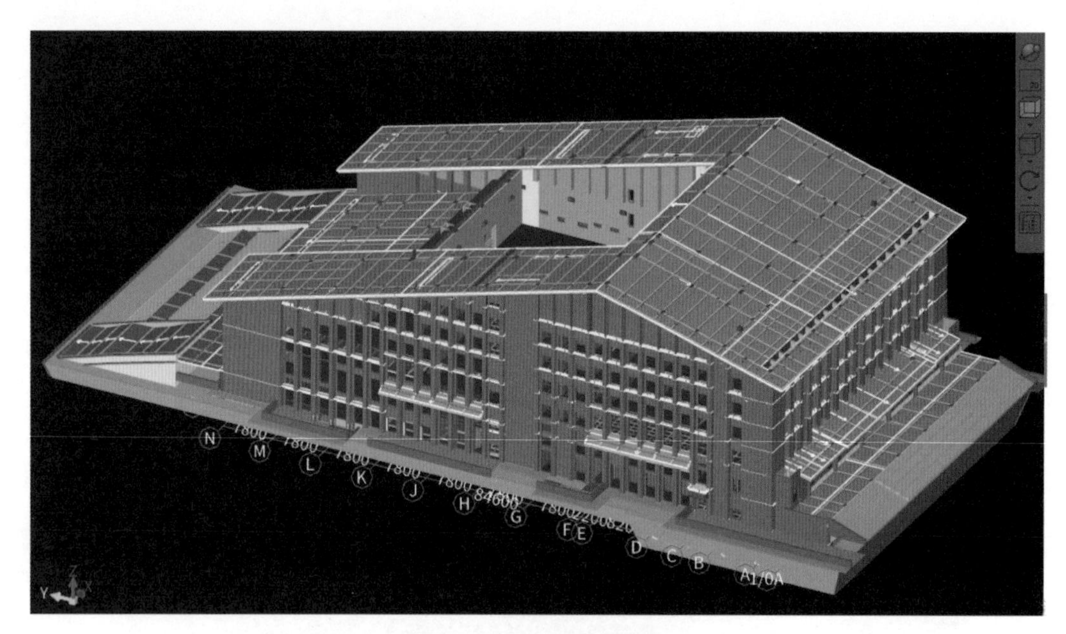

图 3-5　GTJ2018 模型图

3.2　安装工程 BIM 建模

3.2.1　Revit 安装建模

1. 安装建模总体流程（见图 3-6）。

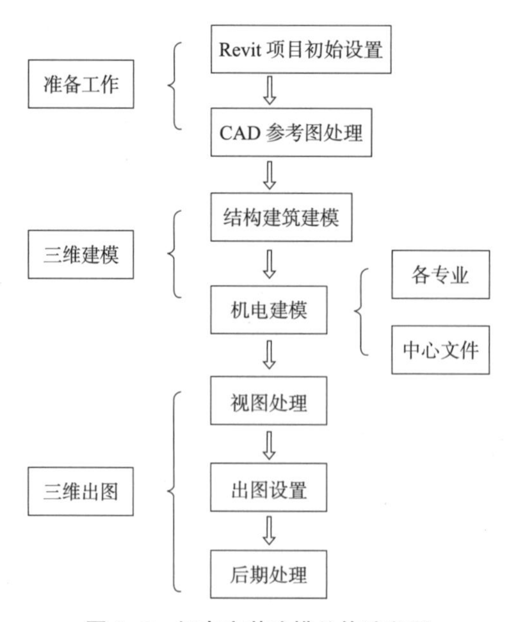

图 3-6　机电安装建模总体流程图

2. Revit 项目基本设置

样板文件的使用：水、暖、电专业不使用中心文件引用样板文件；机电专业使用中心文件引用样板文件。

项目机电：统一项目基点（默认为隐藏），在标高为 ±0.000 的平面视图（默认为楼层平面标高 1）中显示隐藏图元，将项目基点显示出来并取消隐藏，可绘制两条轴网并将其交点对其项目基点，并锁定。建立项目统一轴网、标高的模板文件，各工作模型采用复制监视、链接该文件的方式，为工作模型文件定位。

项目标高：开始建模前，确定本层楼层的标高，底部标高为本层建筑完成面标高，顶部标高为上一层结构面标高，相应标高及视图名称对应修改。绘图时在相应标高平面中绘制，梁在顶部结构标高平面上绘制，结构柱、建筑及机电在标高为建筑完成面的平面视图上绘制。如果结构比较复杂，涉及很多降板，建议使用相对结构面标高偏移的方法，其他不必要的标高不要设定，避免混乱。例如，左边为结构设定标高，右边为机电设定标高，其中距建筑完成面 2.4m 的标高为业主方要求最低标高。如图 3-7 所示。

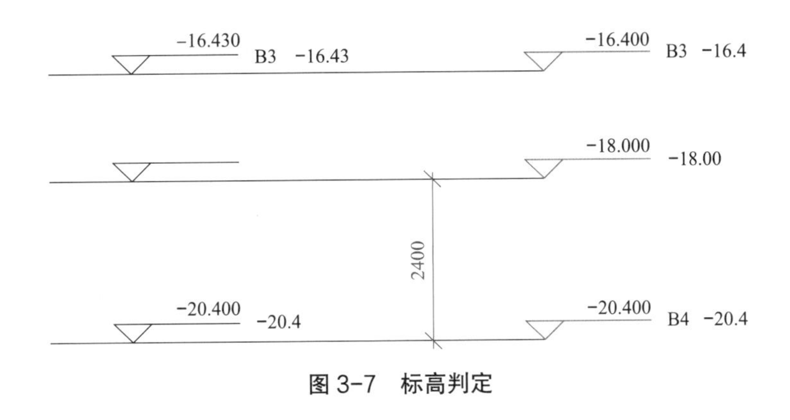

图 3-7 标高判定

项目单位：项目中所有模型均应使用统一的单位与度量值，默认的项目单位为毫米（带 2 位小数），用于显示临时尺寸精度；标注尺寸样式默认为毫米，带 0 位小数，因此临时尺寸显示为 3000.00（项目设置），而尺寸标注则显示为 3000（尺寸样式）；二维输入 / 输出文件应遵循为特定类型的工程图规定的单位与度量值，1DWG 单位 = 1 米，与项目坐标系相关的场地，1DWG 单位 =1 毫米，图元、详图、剖面、立面和建筑结构轮廓；机电管网定位及留洞尺寸的度量单位为 50mm。

设置视图样板：选用默认的项目样板开始画图，也可从其他项目中“传递项目标准”。或根据需要设置平面、立面、剖面、详图在几种常用比例下的样板（基础样板在各专业模板中设置）。

3. CAD 参考图处理及链接。

我们建模用 CAD 图纸作为参考，直接链接进 Revit 比较占用资源，所以在不影响绘图的前提下，链接 CAD 参考图前应先对 CAD 图进行处理，具体如下：

清理未使用项并另存 t3（以天正图为例）格式。清理也适用于 Revit，管理清除未使用项。清理可以使项目瘦身，运行时节约资源，另存 t3 将天正对象全部转化为 CAD 对象，避免出现“从多图纸文件复制图纸到新文件中，部分文字凌乱”问题。

将清理过的图纸（含有三维对象）整理为二维：在 CAD 的立面视图（如左视图）中查看图纸是否为一条直线（建议打开解冻全部图层）。若不是，删除直线以外的内容，避免链接入 Revit 时，文件过大。对于需要参考的专业图纸，可以定好基点之后将建筑部分对象全部删除再链接入 Revit，如果电脑配置高，则不需要。也可以不链接 CAD 图纸，在完成土建部分的建模之后直接对照 CAD 图纸在 MEP 中建模。

确定 CAD 图纸基点：由于机电图纸一般只保留机电部分，为保证机电图纸导入到 Revit 中时能和建筑结构模型吻合，需要设置 CAD 底图基点。

参考图链接：在定好基点的 Revit 项目中链接参考图时，相关设置如图 3-8 所示，参考图链接完成，在 Revit 平面视图中将项目基点与底图基点对齐并锁定底图。

图 3-8　参考图链接设置图

4. Revit 建模。

在 Revit 中建筑平面视图中链接土建模型，定位为“原点对原点”，并锁定链接，分专业建模。

（1）机电建模注意事项

①绘制管道（风管及桥架）时，点击编辑类型，把类型名称全部改为对应管道名称，如“给水管”，并设置好各种类型管道的首选连接件、三通形式、材质、连接类型及压力等级等，如给水管类型，可选用 T 形三通、焊接、铜管、硬钎焊、1.0Mpa。

②插接母线用类型为“矩形 - 法兰 - 标准”风管代替，弯头为 90° 弯。

③在排布时，注意防火卷帘等高度限制，若高度不足，考虑改变走向。

④排布时考虑到方便打支架，风管，桥架尽量底平布置。

⑤ Revit 默认的管道风管桥架标高皆为中心标高。

⑥风管管件应按需要采用不同类型管件，默认风管三通很多曲率半径太大，可通过编辑族自行按需修改（曲率半径 0.6）。

⑦在建模过程中切忌描图，CAD 底图只是用来参考大致走向，实际走向应综合各专业认真考虑。

⑧在大型设备未定时，大型机房可先不画，等机房外全部排布整理完，再绘制机房。对于小型空调机房等，从机房往外绘制比较合适，确定好从机组到出机房风管的标高，小型的空调机房在绘制工程中应加以完善。如果机房暂时没有绘制的，也要考虑好机房的综合排布把空间预留出来，不然后期完善时会有很大问题。

（2）颜色设置

一般项目颜色设置主要采用以下两种方式：

①注释：注释的优点是后期标注的时候可以直接使用注释，但是在修改局部时，又需要重新注释。机电着色统一按注释来分类。以后可按类型名称或系统名称注释。在“属性—注释”中写上对应管道名称，并着色。除线槽带填充样式外其他均只需设置外轮廓线的颜色、线宽。当然在三维视图中可相应的进行实体填充。

②系统：按系统注释方便之处在于局部修改后不用再注释，但是在标注时需重新添加注释。

注释名称及颜色设置如表 3-1 所示。

注释名称及颜色设置表　　表 3-1

系统名称	注释	RGB 值	颜色
空调送风系统	KSF	0-255-255	RGB 0 255 255
空调回风系统	KHF	255-153-255	RGB 255 153 255
排风系统	PF	255-153-0	RGB 255 153 0
送风系统	SF	0-255-255	RGB 0 255 255
空调冷热水供水	KG	0-191-255	RGB 0 191 255
空调冷热水回水	KH	0-255-255	RGB 0 255 255
冷凝水系统	LN	0-127-255	RGB 0 127 255
采暖供水	CG	255-127-159	RGB 255 127 159
采暖回水	CH	153-76-95	RGB 153 76 95
循环冷却水供水	LQG	0-0-255	RGB 0 0 255
循环冷却水回水	LQH	0-128-192	RGB 0 128 192
生活热水供水	RG	153-51-51	RGB 153 51 51
生活热水回水	RH	127-0-127	RGB 127 0 0
消火栓系统	XHS	255-0-0	RGB 255 0 0
自动喷淋系统	ZP	255-0-255	RGB 255 0 255
污水系统	W	0-128-128	RGB 0 128 128
废水系统	F	255-128-0	RGB 255 128 0

续表

系统名称	注释	RGB 值	颜色
雨水系统	Y	0-255-255	RGB 0 255 255
中水系统	Z	0-128-64	RGB 0 128 64
给水系统	J	0-255-0	RGB 0 255 0
凝结水系统	NJ	0-127-255	RGB 0 127 255

由于电气专业没有系统注释，采用过滤器控制颜色，电气过滤器表格如图 3-9。

综合图管线排布着色完成后，把建筑功能标注上，复制多份视图并重新命名视图，以便各专业 CAD 出图。如暖通专业防排烟、空调风、空调水；给水排水专业给水排水、消火栓、喷淋；电气专业强电和弱电，设置样板分别出图。该工程采暖通风模型图如图 3-10 所示，消防给水排水模型图如图 3-11 所示，机电工程模型图如图 3-12 所示。

名称	可见性	投影/表面		
		线	填充图案	透明度
弱电桥架	☑			
火警设备电源电话线	☑			
灯具导线	☐			
照明设备导线	☐			
消防桥架	☑			
强电桥架导线	☐			
消防桥架导线	☑			
弱电桥架导线	☐			
应急照明设备导线	☐			
火警设备信号导线	☑			
火警设备防火门监控线	☑			
通讯设备导线	☑			
火警设备广播设备导线	☑			
电视电话设备导线	☐			
安防设备导线	☑			
强电桥架	☐		替换...	替换...

图 3-9　电气过滤器表格截图

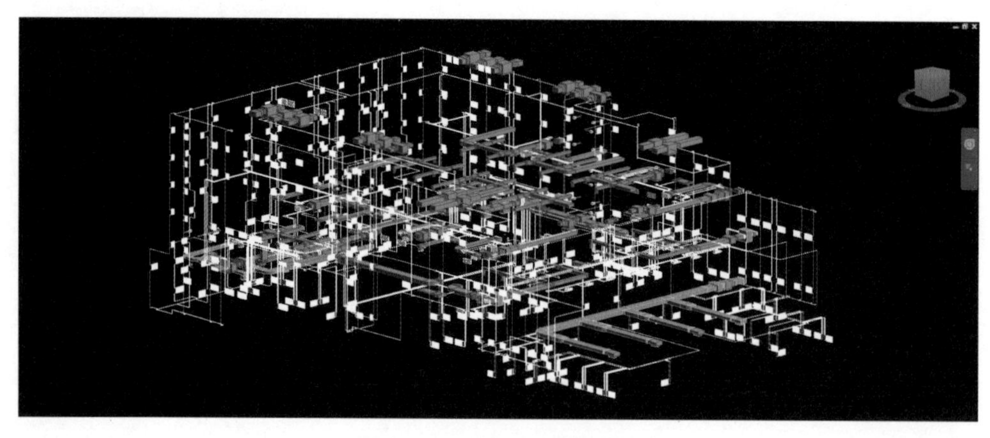

图 3-10　采暖通风模型图

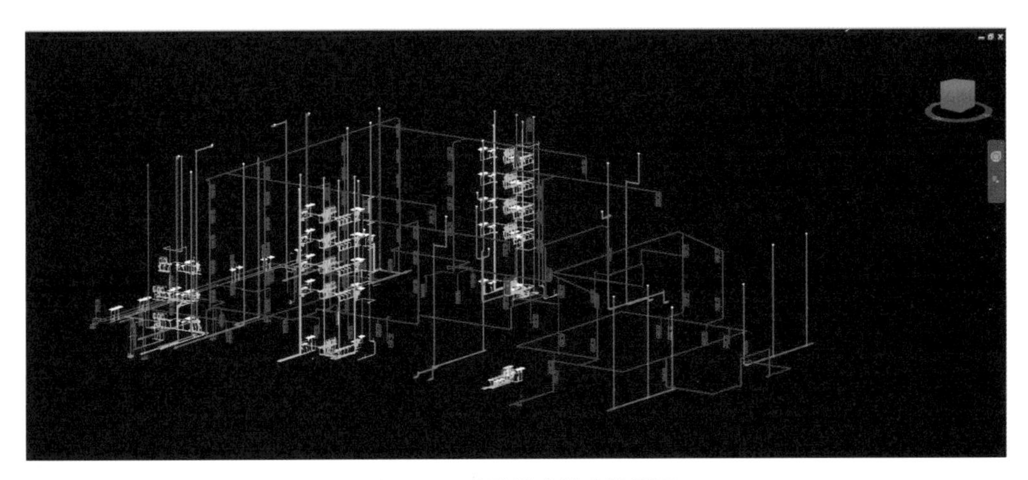

图 3-11 消防给水排水模型图

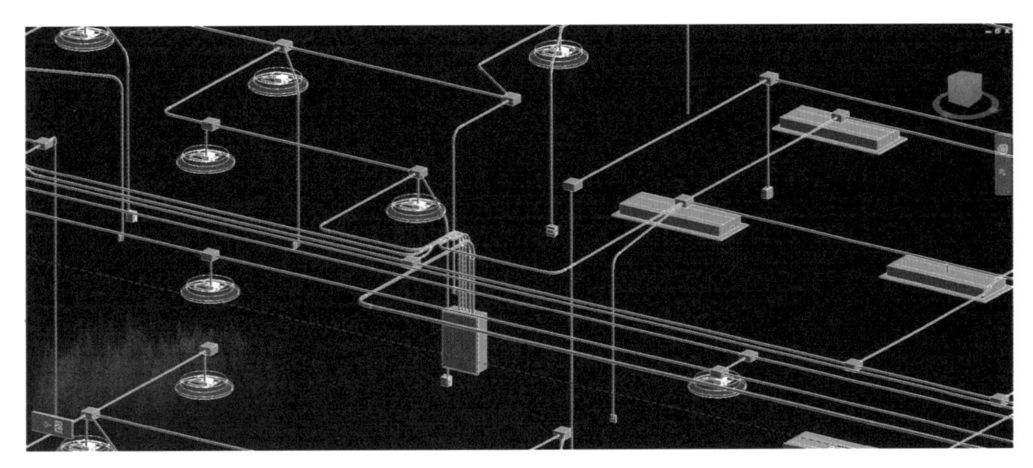

图 3-12 机电工程模型图

（3）模型详细程度

①暖通模型：具体详细程度和构建类型见表 3-2。

暖通模型构建类型　　表 3-2

设备	空气处理机组
	制冷机组
	变量制冷剂机组
	冷却塔
	室内和室外分体式空调机组
	排风风机
	冷热水泵、冷却水泵、水箱
风管及风阀	风管主管、控制阀、连接件，风管包括送 / 回风主管、排风主管
管道及阀门	水管主管、控制阀、连接件，水管包括冷冻送 / 回水、热水送 / 回水、冷却送 / 回水以及冷凝水排水

②给水排水模型：具体详细程度和构建类型见表 3-3。

给水排水模型构建类型　　表 3-3

设备	给水泵、消防泵、水箱、增压设备、消火栓、灭火器、喷头
管道及阀门	水管主管、管件、阀门，水管包括热水主管、市政给水主管、加压给水主管、污废水排水主管、雨水主管、消火栓主管、喷淋主管

③电气模型：具体详细程度和构建类型见表 3-4。

电气模型构建类型　　表 3-4

设备	变压器、高低压开关柜、发电机、灯具、箱体等设备布置
管道	金属桥架、线管

5. 管线综合调整

（1）总体原则

尽量利用梁内空间。绝大部分管道在安装时均为贴梁底走管，梁与梁之间存在很大的空间，尤其是当梁高很大时。在管道十字交叉时，这些梁内空间可以被很好地利用起来。在满足弯曲半径条件下，空调风管和有压水管均可以通过翻转到梁内空间的方法，避免与其他管道冲突，保持路由通畅，满足层高要求。

（2）避让原则

①有压管让无压管，小管线让大管线，施工简单的避让施工难度大的。

无压管道内介质仅受重力作用由高处往低处流，其主要特征是有坡度要求、管道杂质多、易堵塞，所以无压管道要保持直线，满足坡度，尽量避免过多转弯，以保证排水顺畅以及满足空间高度。有压管道是在压力作用下克服沿程阻力沿一定方向流动。一般来说，改变管道走向、交叉排布、绕道走管不会对其供水效果产生影响。因此，当有压管道与无压管道相碰撞时，应首先考虑更改有压管道的路由。

②小管道避让大管道。

通常来说，大管道由于造价高、尺寸重量大等原因，一般不会做过多的翻转和移动。应先确定大管道的位置,后布置小管道的位置。在两者发生冲突时,应调整小管道，因为小管道造价低且所占空间小，易于更改路由和移动安装。

③冷水管道避让热水管道。

热水管道需要保温，造价较高，且保温后的管径较大。另外，热水管道翻转过于频繁会导致集气。因此在两者相遇时，一般应调整冷水管道。

④附件少的管道避让附件多的管道。

安装多附件管道时要注意管道之间留出足够的空间（需考虑法兰、阀门等附件所占的位置），这样有利于施工操作以及今后的检修、更换管件。

⑤临时管道避让永久管道。

新建管道避让原有管道；低压管道避让高压管道；空气管道避让水管道。

（3）垂直面排列管道原则

热介质管道在上，冷介质在下；无腐蚀介质管道在上，腐蚀介质管道在下；气体介质管道在上，液体介质管道在下；保温管道在上，不保温管道在下；高压管道在上，低压管道在下；金属管道在上，非金属管道在下；不经常检修管道在上，经常检修的管道在下。

（4）管道间距

考虑到水管外壁、空调水管、空调风管保温层的厚度。电气桥架、水管，外壁距离墙壁的距离，最小有 100mm 的距离，直管段风管距墙距离最小 150mm，沿构造墙需要 90° 拐弯风道及有消声器、较大阀部件等区域，根据实际情况确定距墙柱距离，管线布置时考虑无压管道的坡度。不同专业管线间距离，尽量满足现场施工规范要求。

（5）考虑机电末端空间

整个管线的布置过程中考虑到以后送回风口、灯具、烟感探头、喷洒头等的安装，合理地布置吊顶区域机电各末端在吊顶上的分布，以及电气桥架安装后防线的操作空间以及以后的维修空间，电缆布置的弯曲半径不小于电缆直径的 15 倍。上述为管线布置基本原则，管线综合协调过程中根据实际情况综合布置，管间距离以方便安装、维修为原则。

（6）碰撞检测

借助软件对模型中不同系统间的矛盾冲突进行检测查找，并形成相关的报告和图纸。如图 3-13 风管与板碰撞图，图 3-14 暖管与风管碰撞图，图 3-15 消防管与板碰撞图，图 3-16 暖管与梁碰撞图。

图 3-13　风管与板碰撞图

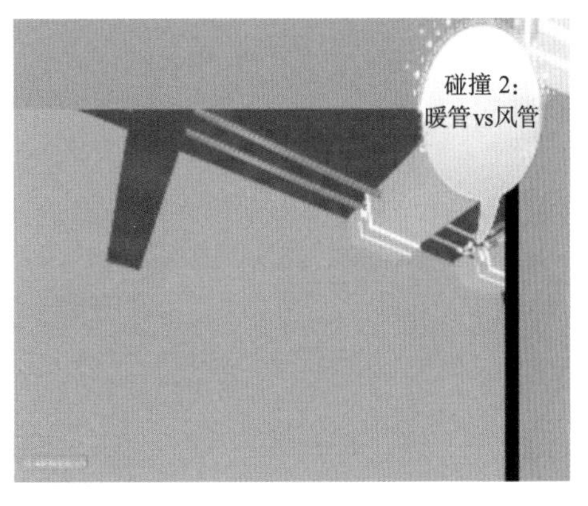

图 3-14　暖管与风管碰撞图

图 3-15　消防管与板碰撞图

图 3-16　暖管与梁碰撞图

①使用 Revit 进行碰撞检查：

协作→碰撞检查→选择系统→进行检查→输出报告→查找碰撞区域→进行调整。

②使用 Navisworks 进行碰撞检测：

首先确定需要检测的区域或楼层，在 Revit 模型中独立出这一区域并生成 NWD 文件，并保证生成的文件包含所要检测的系统。

其次，在 Navisworks 中，将不同系统进行相应的集合划分，确保不遗漏，不多选。

最后，选择 Clash Detective 进行碰撞检测，生成分系统的碰撞检测报告。

如果是由于模型本身不精确所产生的碰撞，且对设计和施工不会产生影响，将模型调整即可；如果为设计本身导致碰撞或者设计不易于施工，应汇总、定位，并结合平面设计图，将问题反馈给相关专业，由相关方进一步完善设计及模型。

3.2.2　GQI2017 算量建模

在熟悉图纸、任务明确、Revit 强电弱电模型、给水排水模型和采暖通风模型建好后，按照分工和计划，进入安装算量模型建立阶段。具体模型图如图 3-17 ~ 图 3-19 所示。

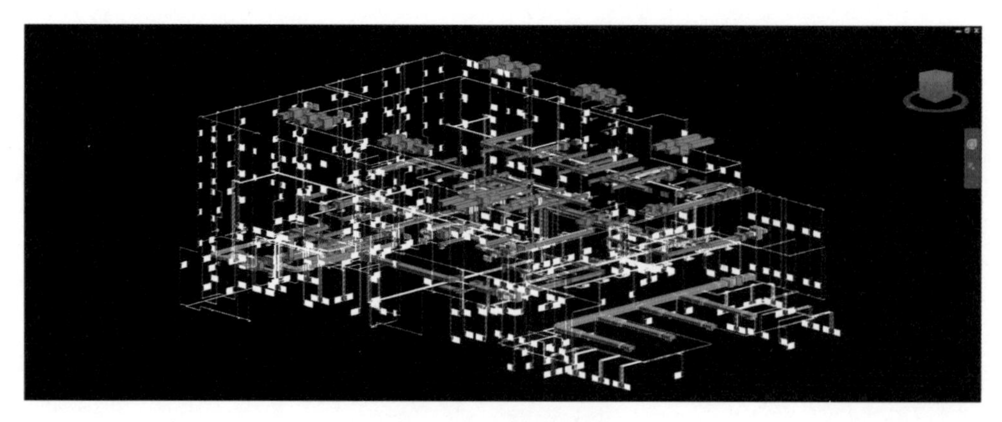

图 3-17　暖通三维图

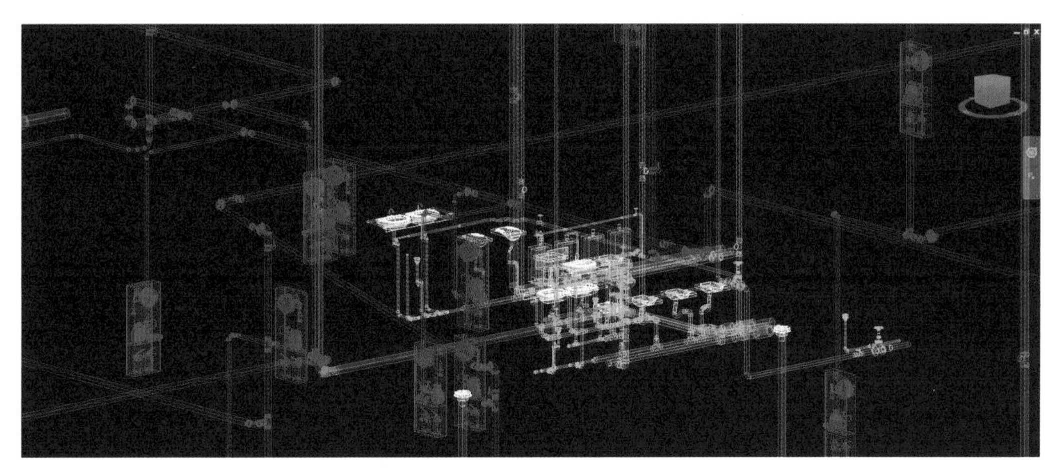

图 3-18 给水排水消防三维图

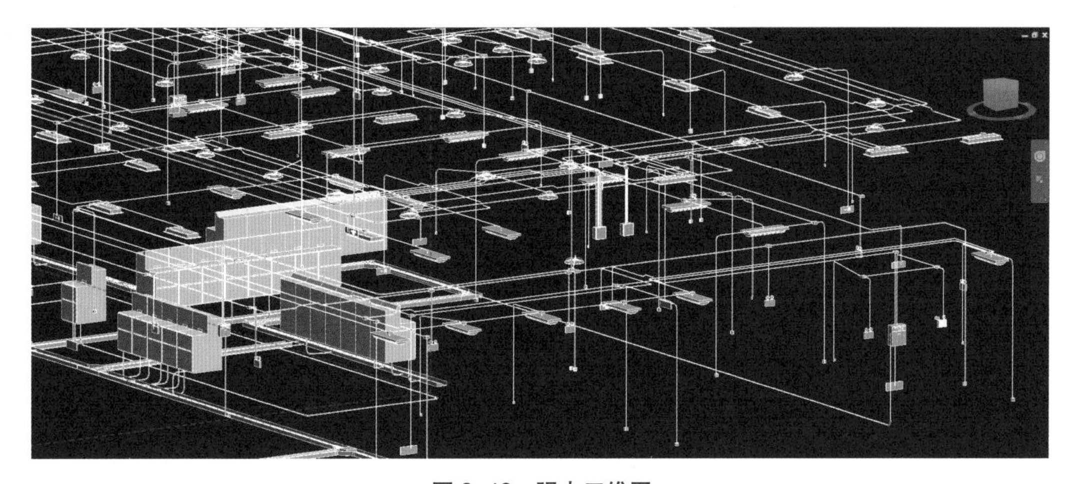

图 3-19 强电三维图

其具体建模程序：打开 GQI2017 →导入各专业 Revit 模型→检查模型完整性→批量套取清单→汇总计算。

4

BIM 招标管理

国内建设工程项目的交易，一般是通过招投标的方式完成的。招标文件，是指招标人向潜在投标人提供的为进行投标工作而告知和要求性的书面性材料，是整个工程招投标和施工过程中最重要的法律文件之一，它不仅规定了完整的招标程序，而且还提出了各项具体的技术标准和交易条件，规定了拟订立合同的主要内容，是潜在投标人准备投标文件和参加投标的依据，是评审委员会评标的依据，也是拟订立合同的基础，对参与招投标活动的各方均有法律效力。

工程招标活动是建设单位选择适合的工程项目承包商或者分包商的过程。通过招标文件编制的毕业设计环节，拆分招标文件知识点，使同学们掌握建设工程项目招标的条件及主要招标方式；掌握建设工程项目招标的程序；熟悉建设工程项目招标范围、标段的划分依据；能够熟练编制招标文件、工程量清单与招标控制价；利用 2017 版标准合同重要知识点的决策模拟，使学生掌握施工合同的关键内容，能够进行合同的拟定；能进行招标文件的备案与发售；能组织开标前的准备工作，并熟练掌握招标相关软件操作。

4.1 招标控制价编制

建设工程施工招投标的计价方式分为定额计价与工程量清单计价两种，全部使用国有资金投资或国有直接投资为主的建筑工程施工发承包，必须采用工程量清单计价方式。采用工程量清单计价方式进行施工招投标时，招标人应当按要求提供工程量清单。

工程量清单是编制招标控制价及投标报价的依据，也是支付工程进度款和竣工结算时调整工程量的依据，为潜在投标人提供一个公开、公正、公平的竞争环境，也是评标的基础。

为体现招标的公平、公正，防止招标人有意抬高或压低工程造价，招标人应在招标文件中如实公布招标控制价，招标控制价不同于标底，无须保密，同时招标人不得对所编制的招标控制价进行上浮或下调。招标人在招标文件中公布招标控制价时，应公布招标控制价各组成部分的详细内容，不得只公布招标控制价总价。同时，招标人应将招标控制价报工程所在地的工程造价管理机构备查。

招标人公布的招标控制价应按照《建设工程工程量清单计价规范》GB 50500—2013的规定进行编制。

招标控制价编制流程如图 4-1 所示。

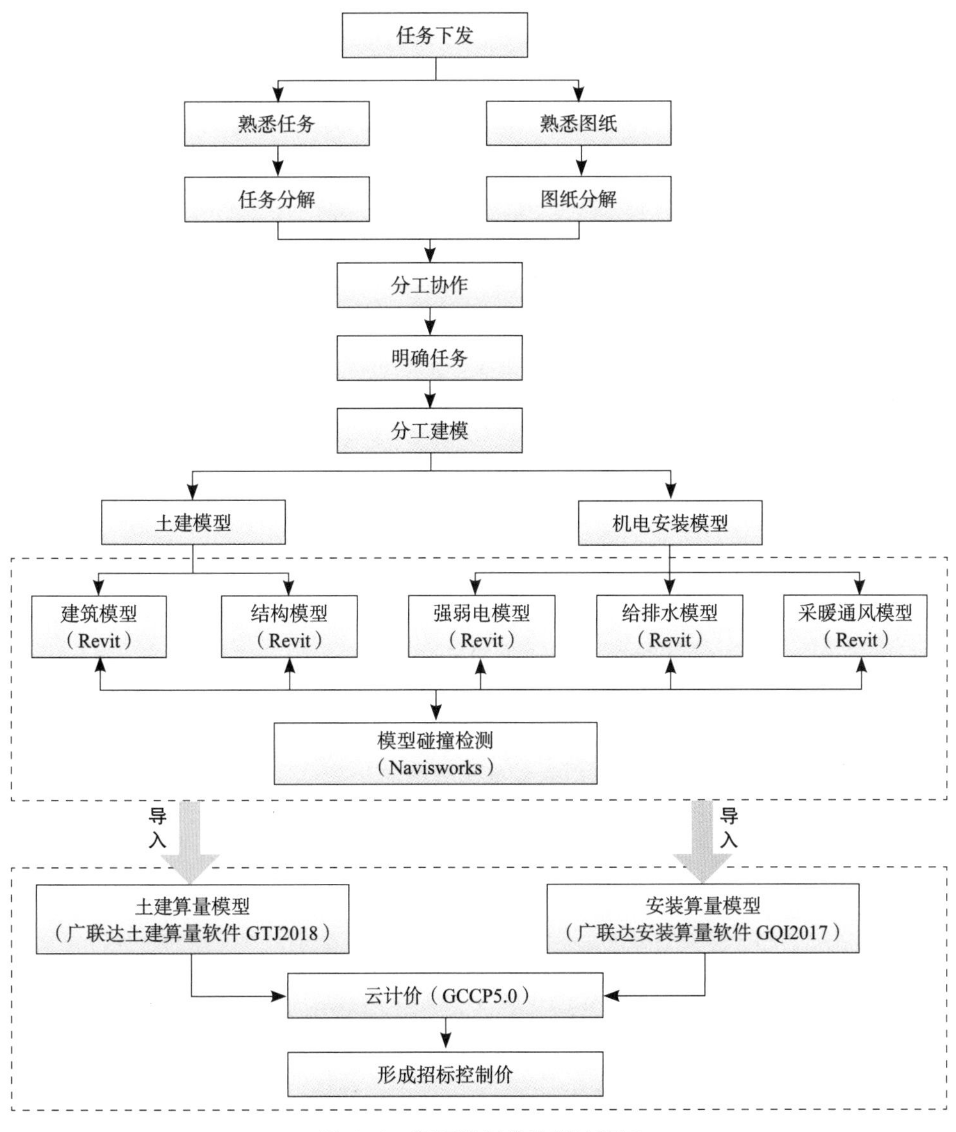

图 4-1　招标控制价编制流程图

4.1.1 工程量计算

最新的《中华人民共和国简明标准施工招标文件》2012 年版中，列明了工程量清单的格式。

（1）工程量清单说明。工程量清单是根据招标文件中包括的、有合同约束力的图纸以及有关工程量清单的国家标准、行业标准、合同条款中约定的工程量计算规则编制。约定计量规则中没有的子目，其工程量按照有合同约束力的图纸所标示尺寸的理论净量计算。计量采用中华人民共和国法定计量单位。本工程量清单应与招标文件中的投标人须知、通用合同条款、专用合同条款、技术标准和要求以及图纸等一起阅读和理解。工程量清单仅是潜在投标人投标报价的共同基础，实际工程量和工程价款的支付应遵循合同条款的约定和“技术标准和要求”的有关规定，补充子目工程量规则及子目工作内容说明。

（2）投标报价说明。工程量清单的每一子目需填入单价或价格，且只允许有一个报价。工程量清单中标价格的单价或金额，应包括所有人工费、材料费和施工机具使用费和企业管理费、利润以及一定范围内的风险费等。工程量清单中投标人没有填入单价或价格的子目，其费用视为已分摊在工程量清单其他相关子目的单价或价格之中。

（3）暂列金额的数量和拟用子目的说明。

（4）其他说明。

（5）工程量清单。

建设项目工程量的计算，包括土建工程工程量的计算（GTJ2018）和安装工程工程量的计算（GQI2017）两大部分。广联达 BIM 土建计量平台 GTJ2018 可以解决土建专业估概算、招投标预算、施工进度变更、竣工结算全过程各阶段算量、提量、检查、审核全流程业务，实现一站式的 BIM 土建计量。利用 GTJ2018 可以实现土建算量与钢筋算量二合一、一次建模无需互导。

该工程运用广联达 BIM 土建计量平台 GTJ2018 进行土建建模和清单套取，其计量过程如下：

（1）打开广联达 BIM 土建计量平台 GTJ2018，点击“新建工程”，弹出“新建工程”界面，如图 4-2 所示。

（2）在创建工程界面，填写工程名称，选择正确的清单规则、定额规则和对应的清单库和定额库。按照结构设计说明选择正确的平法规则和汇总方式。点击“创建工程”，弹出建模界面，如图 4-3 所示。

图 4-2　新建工程

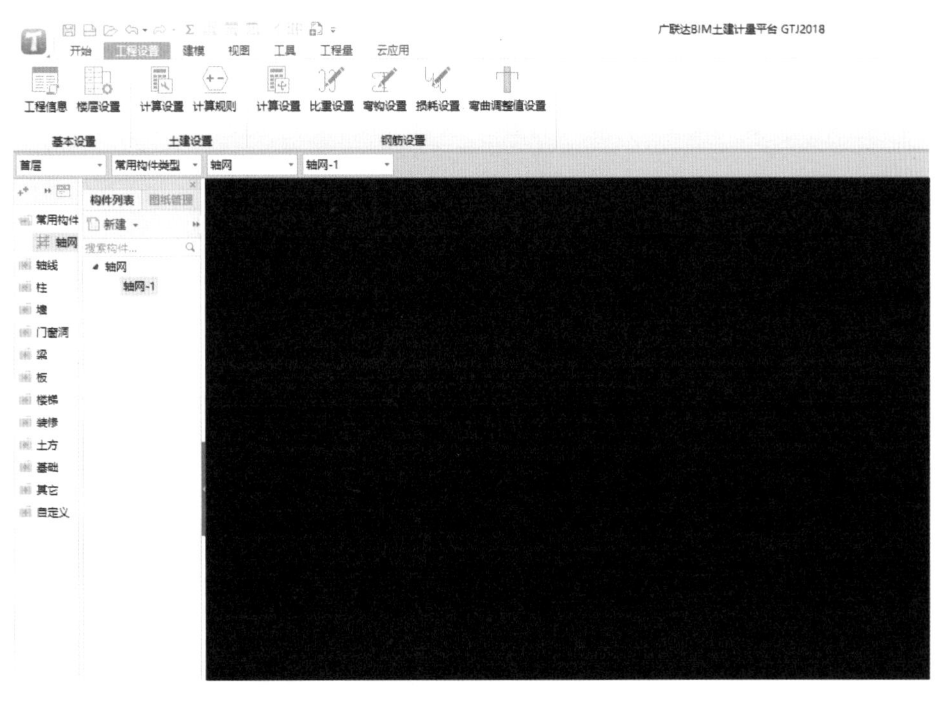

图 4-3　创建工程

（3）在建模界面依次点击“图纸管理”“添加图纸”，弹出添加图纸选择框，如图 4-4 所示。

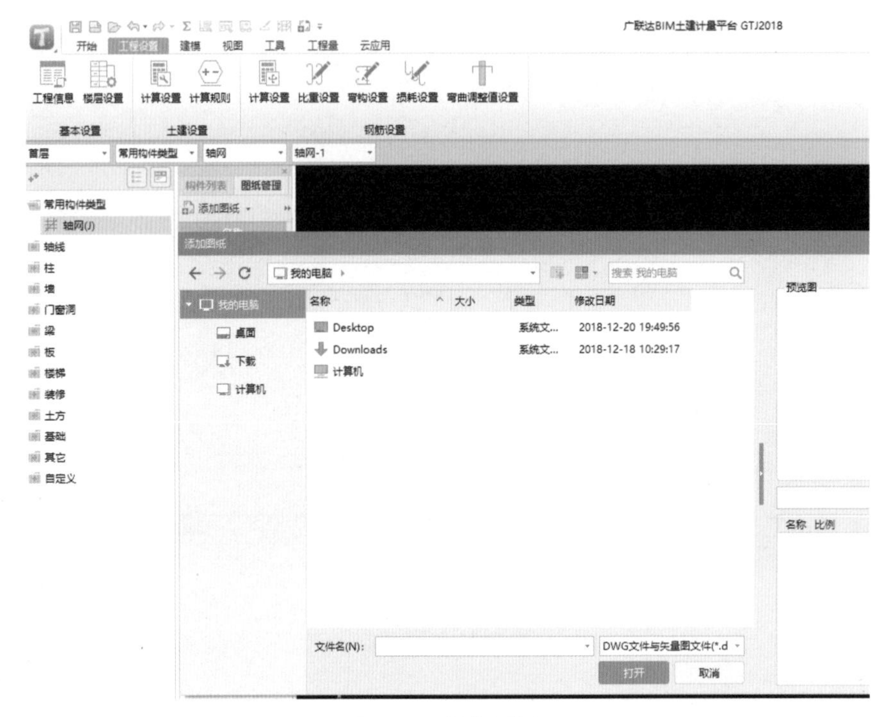

图 4-4　添加图纸

（4）选择要打开的图纸，点击“打开”，加载完成后，进入图纸管理界面，如图 4-5 所示。

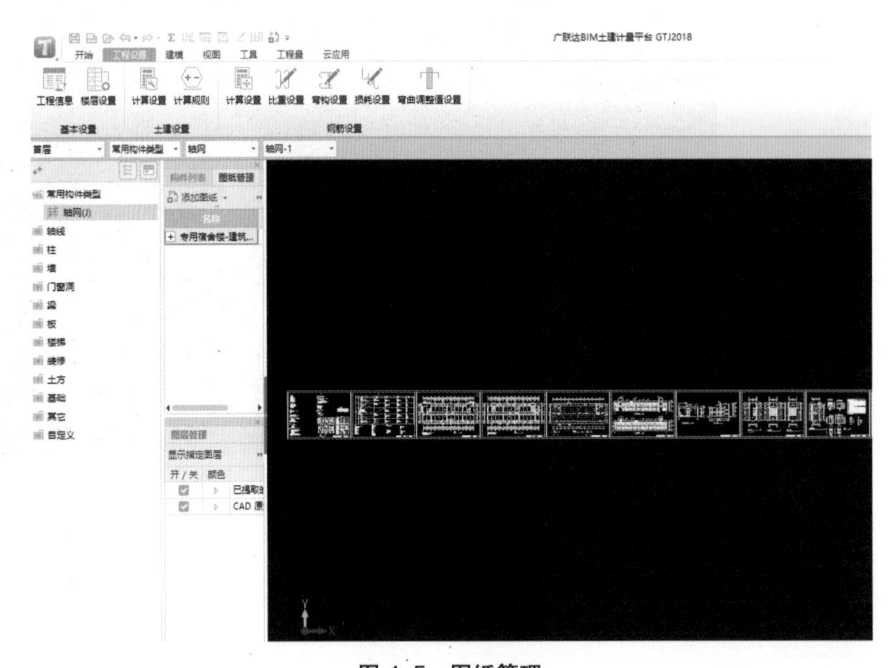

图 4-5　图纸管理

（5）在图纸界面进行图纸分割，分割完成后，按照界面左侧模块导航栏的顺序进行模型的建立和清单套取，建成后的模型如图 4-6 所示。

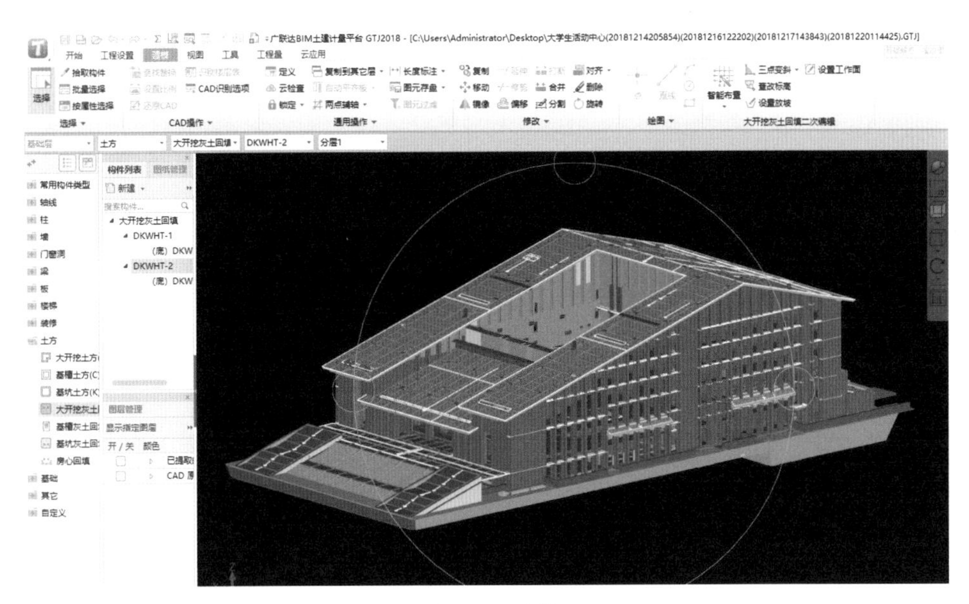

图 4-6　建模

（6）汇总计算完成后，点击“工程量”，在工程量页面点击“查看报表”，如图 4-7 所示。

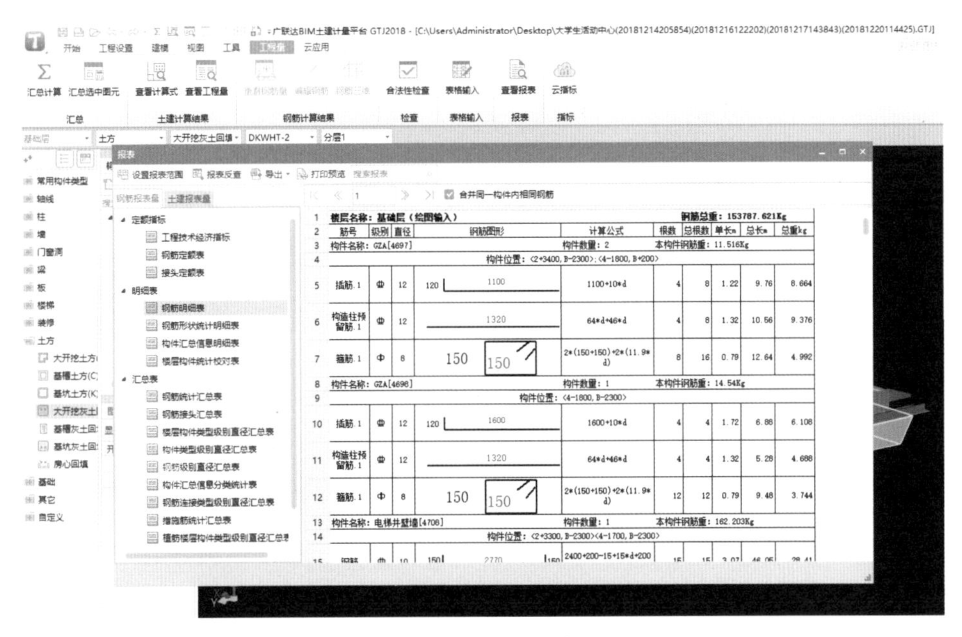

图 4-7　查看报表

在此页面可以查看钢筋报表量和土建报表量，导出工程量后保存文件，即工程量计算完成。

4.1.2 编制招标控制价

1. 招标控制价

招标控制价是招标人根据国家或省级、行业建设主管部门颁发的有关计价依据和办法，以及拟定的招标文件和招标工程量清单，结合工程具体情况编制的招标工程的最高招标限价，也可以称为“拦标价”或“预算控制价”。国有资金投资的工程建设项目应实行工程量清单招标，并应编制招标控制价。

国有资金投资的工程进行招标，根据《中华人民共和国招标投标法》的规定，招标人可以设标底。当招标人不设标底时，有利于客观、合理地评审投标报价和避免哄抬标价，造成国有资产流失，招标人应编制招标控制价。

2. 招标控制价编制

1）招标控制价的编制依据：

（1）《建设工程工程量清单计价规范》GB 50500—2013；

（2）国家或省级、行业建设主管部门颁发的计价定额和计价方法；

（3）建设工程设计文件及相关资料；

（4）招标文件中的工程量清单及有关要求；

（5）建设项目相关的标准、规范、技术资料；

（6）工程造价管理机构颁布的工程造价信息；工程造价信息没有发布的参照市场价；

（7）其他相关资料，主要包括：施工现场情况、工程特点以及常规施工方案等。

应注意：使用的计价标准、计价政策应是国家或省级、行业建设主管部门颁布的计价定额和相关政策文件；采用的材料价格应是工程造价管理机构通过工程造价信息发布的材料单价，工程造价信息未发布材料单价的材料，其材料价格应通过市场调查确定；国家或省级、行业建设主管部门对工程造价中费用或标准有规定的，应按规定执行。

2）招标控制价的编制方法：

（1）分部分项工程费应根据招标文件中分部分项工程量清单项目的特征描述及有关要求，按规定确定综合单价进行计算。综合单价中应包括招标文件中要求投标人承担的风险费用。招标文件中提供了暂估单价的材料，按暂估单价计入综合单价。

（2）措施项目费应按招标文件中提供的措施项目清单确定，措施项目采用分部分项工程综合单价形式进行计价的工程量，应按措施项目清单中的工程量，并按规定确定综合单价；以“项”为单位的方式计价的，按规定确定除规费、税金以外的全部费用。

措施项费用的安全文明施工费应按国家或省级、行业建设主管部门的规定标准计价。

（3）其他项目费用按照下列规定计价。

①暂列金额。暂列金额由招标人根据工程特点，按有关规定进行估算确定。为保证工程施工建设的顺利实施，在编制招标控制价时，应对施工过程中可能出现的各种不确定因素对工程造成的影响进行估算，列出一笔暂列金额。一般可按分部分项工程费的 10%~15%作为参考。

②暂估价。暂估价包括材料暂估价和专业工程暂估价。暂估价中的材料单价应按照工程造价管理机构发布的工程造价信息或参考市场价格确定；暂估价中的专业工程暂估价应分不同专业，按有关计价规定估算。

③计日工。计日工包括计日工人工、材料和施工机械。在编制招标控制价时，对计日工中的人工单价和施工机械台班单价应按省级、行业建筑主管部门或其他授权的工程造价管理机构公布的单价计算；材料应按工程造价管理部门发布的工程造价信息中的材料单价计算，工程造价信息未发布材料单价的材料，其价格应按市场调查确定的单价计算。

④总承包服务费。招标人应根据招标文件中列出的内容和向总承包人提出的要求，参照下列标准计算：

a 招标人要求对分包的专业工程进行总承包管理和协调时，按分包的专业工程估算总价的 1.5%计算；

b 招标人要求对分包的专业工程进行总承包管理和协调，并同时要求提供配合服务时，根据招标文件中列出的配合服务内容和提出的要求，按分包专业工程造价的 3%~5%计算；

c 招标人自行提供材料的，按招标人提供材料价格的 1%计算。

（4）招标控制价的规费和税金必须按照国家或省级、行业建设主管部门的规定标准计算。

3）招标控制价编制的注意事项：

（1）招标控制价的作用决定了招标控制价不同于标底，无须保密。

（2）投标人经复核认为招标人公布的招标控制价未按照《建设工程工程量清单计价规范》GB 50500—2013 的规定编制的，应在开标前 5 天向招投标监督机构或工程造价管理机构投诉。招投标监督机构应会同工程造价管理机构对投诉进行处理，发现确有错误的，应责成招标人修改。

3. 本工程招标控制价编制的步骤

招标控制价是在工程量计算的基础上，运用广联达 GBQ4.0/GCCP5.0 进行编制的。其编制步骤如下（采用 GBQ4.0）：

1）打开广联达计价软件 GBQ4.0，弹出工程文件管理界面，如图 4-8 所示。

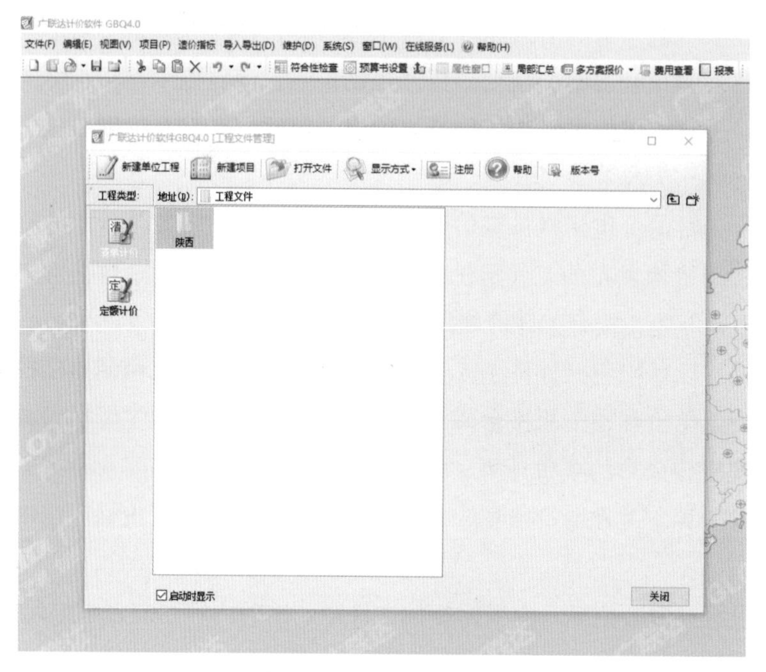

图 4-8　工程文件管理

2）选择“清单计价”，点击“新建项目”，弹出新建标段工程对话框，如图 4-9 所示。

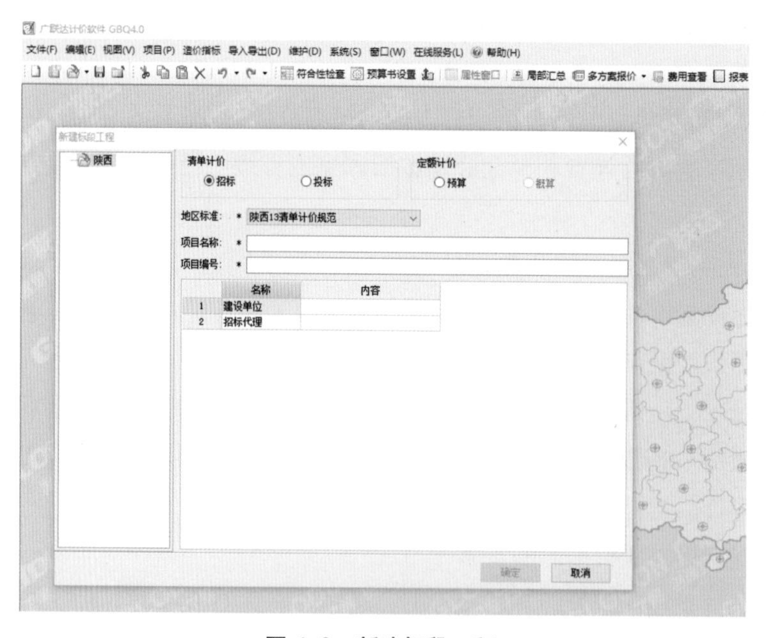

图 4-9　新建标段工程

3）选择点击“招标”，然后填写相关信息，点击“确定”后，进入“招标管理”项目管理界面，如图 4-10 所示。

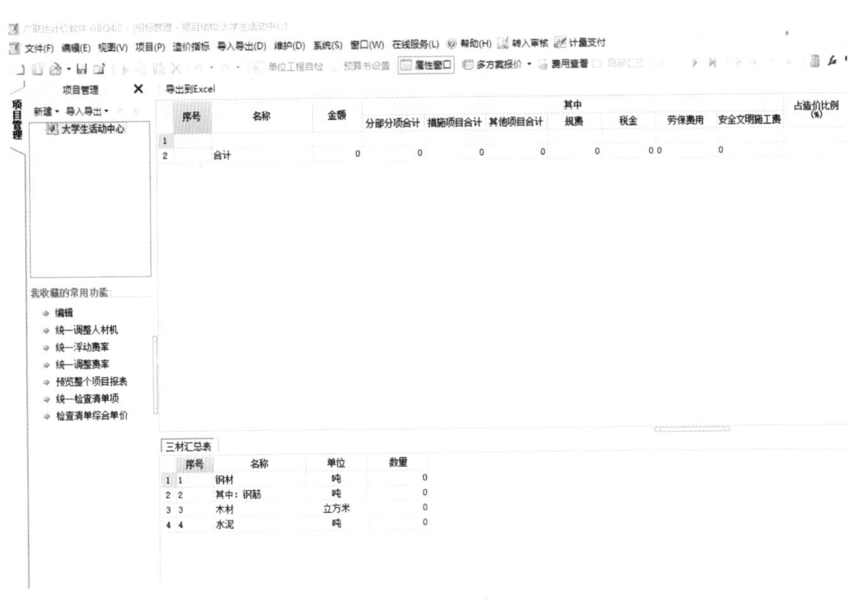

图 4-10 招标管理

4）在项目管理界面，鼠标右键点击“大学生活动中心”，建立单项工程“大学生活动中心主体”；鼠标右键点击“大学生活动中心主体”，建立单位工程，弹出新建单位工程对话框，如图 4-11 所示。

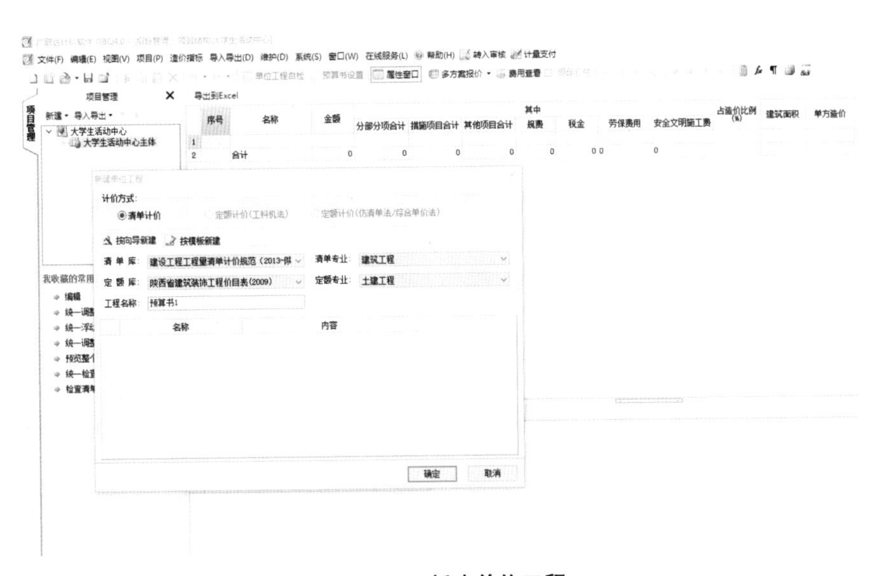

图 4-11 新建单位工程

5）在“新建单位工程”对话框，选择“清单计价”，然后选择与工程量计算时相同的清单库和定额库，填写工程名称“土建”，点击确定，出现如图 4-12 界面。

图 4-12　土建工程

6）双击“土建”进入分部分项界面，如图 4-13 所示。

图 4-13　分部分项界面

7）点击“导入导出”选择“导入 Excel”，导入完成后如图 4-14 所示。

	编码	类别	名称	单位	工程量表达式	含量	工程量	单价	合价	综合单价	综合合价	单价构成文件
−			整个项目								0	
1	010101002001	项	挖一般土方	m3	16325.45		16325.45			0	0	机械土石方工程(人工
2	010103001001	项	回填方	m3	6175.7		6175.7			0	0	机械土石方工程(人工
3	010401005001	项	填充墙	m3	2972.05		2972.05			0	0	一般土建工程(人工费
4	010401005002	项	填充墙	m3	436.26		436.26			0	0	一般土建工程(人工费
5	010401005003	项	填充墙	m3	26.08		26.08			0	0	一般土建工程(人工费
6	010401005004	项	填充墙	m3	4.85		4.85			0	0	一般土建工程(人工费
7	010401005005	项	填充墙	m3	122.67		122.67			0	0	一般土建工程(人工费
8	010401005006	项	填充墙	m3	9.16		9.16			0	0	一般土建工程(人工费
9	010404001001	项	垫层	m3	485.33		485.33			0	0	一般土建工程(人工费
10	010501002001	项	带形基础	m3	68.45		68.45			0	0	一般土建工程(人工费
11	010501003001	项	独立基础	m3	80.25		80.25			0	0	一般土建工程(人工费
12	010502001001	项	矩形柱	m3	1463.75		1463.75			0	0	一般土建工程(人工费
13	010503002001	项	矩形梁	m3	2292.32		2292.32			0	0	一般土建工程(人工费
14	010504001001	项	直形墙	m3	244.57		244.57			0	0	一般土建工程(人工费
15	010504001002	项	直形墙	m3	6.1		6.1			0	0	一般土建工程(人工费
16	010504001003	项	直形墙	m3	64.26		64.26			0	0	一般土建工程(人工费
17	010504001004	项	直形墙	m3	94.19		94.19			0	0	一般土建工程(人工费
18	010505001001	项	有梁板	m3	3318.23		3318.23			0	0	一般土建工程(人工费
19	010505001002	项	有梁板	m3	1.2		1.2			0	0	一般土建工程(人工费

图 4-14 导入 Excel

8）然后分别对每个清单套取定额子目，安排措施项目费，填写其他项目费，调整人材机，进行费用汇总，汇总完成后，进行符合性检查，生成招标文件，导出工程量清单和招标控制价。如图 4-15 所示。

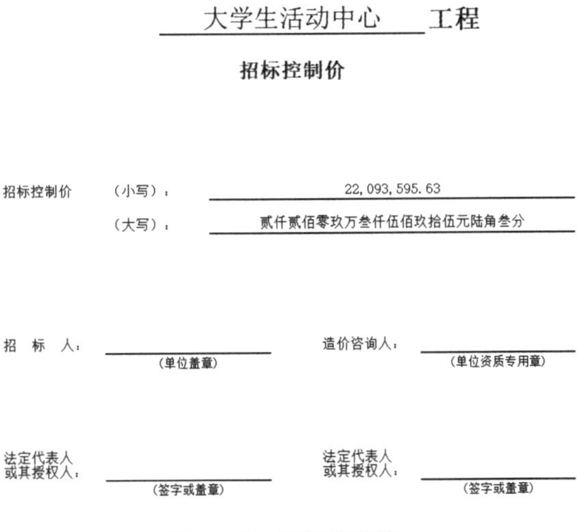
大学生活动中心 工程

招标控制价

招标控制价 （小写）： 22,093,595.63

（大写）： 贰仟贰佰零玖万叁仟伍佰玖拾伍元陆角叁分

招 标 人： （单位盖章）

造价咨询人： （单位资质专用章）

法定代表人或其授权人： （签字或盖章）

法定代表人或其授权人： （签字或盖章）

图 4-15 招标控制价

4.2 招标管理

在毕业设计活动中，通过对招标管理活动的实践，使学生们掌握建设工程招标的条件以及主要方式，熟悉建设工程项目招标范围、标段划分，了解招标的相关程序，达到能够制定招标计划、进行工程项目招标策划和招标管理的能力。

4.2.1 招标策划

招标策划将使学生掌握建设工程项目招标的条件、招标的方式、招标范围的确定、招标的程序制定以及工程项目备案预登记等项目招标规划全过程的内容。

1. 招标条件

（1）建设单位自行招标应具备的条件：

①具有项目法人资格；

②具有与招标项目规模和复杂程度相应的工程技术、概预算、财务和工程管理方面专业技术力量；

③有从事同类工程建设项目招标经验；

④拥有 3 名以上取得招标执业资格的专职招标业务人员；

⑤熟悉和掌握招标投标法及有关法规规章。

（2）工程建设项目招标应当具备的条件：

①建设工程已批准立项。

②向建设行政主管部门履行了报建手续，并取得批准。

③建设用地已依法取得，并领取了建设工程规划许可证。

④有能够满足招标需要的施工图纸及技术资料。

⑤建设资金能够满足工程的要求，符合规定的资金到位率。

⑥法律、法规、规章规定的其他条件。

2. 建设工程招标方式

我国《中华人民共和国招标投标法》（简称《招标投标法》）规定的招标方式分为公开招标和邀请招标。

（1）公开招标

又称无限竞争招标，由招标人以招标公告的方式邀请不特定的法人或其他组织投标。通过各类媒体发布招标广告，一般通过网络，有专门招投标网。

《招标投标法》规定依法进行招标的项目，全部使用国有资金或者国资占控股或者主导地位的，应公开招标。

优点：投标的承包商多、范围广、竞争激烈，选择余地大，有利于降低工程造价，提高质量和缩短工期。

缺点：招标工作量大、组织工作复杂、投入较多人力、物力，时间长。

此类招标适合于投资额度大，工艺、结构复杂的较大型工程建设项目。

（2）邀请招标

又称有限竞争招标，招标人以投标邀请书的方式邀请特定的法人或者其他组织投标。不发布招标公告。向有承包工程能力的3个以上承包商发出投标邀请书，收到邀请书才有资格参加投标。

优点：目标集中，招标组织工作较容易，工作量比较小。

缺点：参加单位少，竞争性较差，选择余地小。

公开招标和邀请招标都必须按规定的招标程序进行，制定统一的招标文件，投标单位必须按照招标文件的规定进行投标。

3. 招标范围

（一）我国目前对工程建设项目招标范围的界定

《招标投标法》规定：进行下列工程建设项目的勘察、设计、施工、监理以及与工程建设有关的重要设备、材料等的采购，必须进行招标。

①大型基础设施、公用事业等关系社会公共利益、公众安全的项目；

②全部或部分适用国有资金投资或国家融资的项目；

③适用国际组织或国外政府贷款、援助资金的项目。

《必须招标的工程项目规定》（国家发展改革委令第16号）招标范围规定：

1）全部或者部分使用国有资金投资或者国家融资的项目包括：

（1）使用预算资金200万元人民币以上，并且该资金占投资额10%以上的项目；

（2）使用国有企业事业单位资金，并且该资金占控股或者主导地位的项目。

2）使用国际组织或者外国政府贷款、援助资金的项目包括：

（1）使用世界银行、亚洲开发银行等国际组织贷款、援助资金的项目；

（2）使用外国政府及其机构贷款、援助资金的项目。

3）不属于本规定第1条、第2条规定情形的大型基础设施、公用事业等关系社会公共利益、公众安全的项目，必须招标的具体范围由国务院发展改革部门会同国务院有关部门按照确有必要、严格限定的原则制订，报国务院批准。

4）本规定第1条至第3条规定范围内的项目，其勘察、设计、施工、监理以及与工程建设有关的重要设备、材料等的采购达到下列标准之一的，必须招标：

（1）施工单项合同估算价在400万元人民币以上；

（2）重要设备、材料等货物的采购，单项合同估算价在200万元人民币以上；

（3）勘察、设计、监理等服务的采购，单项合同估算价在100万元人民币以上。

同一项目中可以合并进行的勘察、设计、施工、监理以及与工程建设有关的重要设备、材料等的采购，合同估算价合计达到前款规定标准的，必须招标。

（二）建设工程项目标段划分的依据

在确定招标范围时，根据建设项目的特点，有必要进行标段的划分。如果业主有多个招标项目同时开展，且项目内容类似，应根据项目的特点进行整合，合并招标。在划分工程类项目的招标范围时更要严格遵守科学、合理原则。工程上有些部分是多个分项工程的交叉点，在划分招标范围时对交叉部分应特别注意。这部分内容应根据其特点，科学地划分到最适合的标段上去，不能漏项，也不能重复招标。

标段划分的原则首先就是：质量责任明确、成本责任明确、工期责任明确。其次，则是经济高效、具有可操作性、符合实际。标段划分要根据建设工程的投资规模、建设周期、工程性质等具体情况，将建设项目分段分期实施，以达到缩短工期的目的。

划分标段要考虑的因素包括：

（1）建设规模：规模的大小直接决定分标段实施的可行性；

（2）缩短工期、增加竞争性，如道路市政工程；

（3）资金控制：前期投资资金相对增加，加快周转，收益提前，整体建设成本可以得到控制；

（4）设计方案：独立性、可分割性和专业性，以保证施工标段实施后不会产生质量隐患。如：精装修工程、园区大型绿化工程、土建施工和设备安装分别招标。

（5）现场场地的大小、平面布置、临时设施的安排、场地道口的位置、各项工程之间的衔接等条件也是考虑因素。

4. 招标程序

招标（资格预审）程序主要过程包括以下几个阶段：

（1）发布资格预审公告、招标公告或投标邀请书；

（2）资格预审（适用于资格预审）；

（3）发售招标文件，发放招标图纸；

（4）现场勘查；

（5）召开投标预备会、招标文件答疑；

（6）投标文件提交；投标保证金提交；

（7）开标；

（8）评标；

（9）择优定标；

（10）发出中标通知书；

（11）签订合同，招标备案。

5. 在招标策划阶段使用的软件

广联达 BIM 招投标沙盘执行评测系统。

6. 本工程招标策划方案编制的步骤

（1）打开广联达 BIM 招投标沙盘执行评测系统，如图 4-16 所示。

图 4-16　BIM 招投标系统

（2）选择 BIM 招投标操作系统，弹出界面，点击“新建”，弹出“选择案例”对话框，如图 4-17 所示。

图 4-17　新建案例

（3）选择内置案例或导入“其它案例”，本工程需导入“其它案例”，逐步进入招标计划编制页面。然后根据工程案例背景信息资料依次填写相关信息，录入项目招标条件、招标方式分析表，如图 4-18 所示。

图 4-18 项目招标条件、招标方式分析表

（4）填写完成后，点击招标计划，进入招标计划编制页面，如图 4-19 所示。

图 4-19 招标计划编制

（5）招标计划填写完成后，生成并保存招标策划文件，如图 4-20 所示。

图 4-20 招标策划文件

4.2.2 招标文件编制

1. 招标文件的主要内容

国家现行《中华人民共和国标准施工招标文件》以及住房和城乡建设部发布的配套文件《房屋建筑和市政工程标准施工招标文件》广泛适用于一定规模以上的房屋建设和市政工程的施工招标。

这些标准文件规定了招标文件主要内容包括：

（1）招标公告（投标邀请书）；

（2）投标人须知；

（3）评标办法（经评审的最低投标价法、综和评估法）；

（4）合同条款及格式；

（5）工程量清单；

（6）图纸；

（7）技术标准和要求；

（8）投标文件格式。

其中“投标须知、评标办法、通用合同条款”在行业标准施工招标文件和试点项目招标人编制的施工招标文件中必须不加修改地引用。

2. 招标文件编制注意事项

（1）总则

1）项目名称填写全称，如果划分标段，应写明标段并分别编制招标文件。

2）项目审批、核准或备案机关名称和批文及编号的注明主要是为潜在投标人在决策过程中辨别工程项目的真伪提供信息，以防被骗取保证金或中介费、不具备发包条件虚假发包欺骗投标人。

3）资金来源包括国家投资、自筹资金、银行贷款、利用有价证券市场筹措、外商投资等；多种来源方式的，应列明方式及所占比例。完全由政府投资的项目，仅写明政府投资或国有投资，出资比例 100%；既有政府投资又有企业自筹资金的项目，应分别列明出资比例。

4）项目概况主要是指建设规模、结构特征。以房屋建筑工程专业为例，包括：建筑面积、层数、层高、结构类型、用途、占地面积等。工程招标主要工程的具体类别包括：土石方、土建、水电安装、防水、保温、弱电、园区道路及地下管网、绿化等所有施工内容。

5）质量标准要按照国家、行业颁布的建设工程质量验收标准填写。《建筑工程施工质量验收统一标准》GB 50300—2013 取消了建设工程质量“优良”“合格”之类的等级标准，而统一规定为“合格”与“不合格”质量标准。

6）投标人资格要求。招标人应当载明是否接受联合体投标。招标人不得强制投标人组成联合体共同投标，不得限制投标人之间的竞争。

投标人不得存在下列情形之一：

①为招标人不具有独立法人资格的附属机构（单位）；

②为本招标项目前期工作提供咨询服务的；

③为本招标项目的监理人；

④为本招标项目的代理人；

⑤为本招标项目提供招标代理服务的；

⑥被责令停业的；

⑦被暂停或取消投标资格的；

⑧资产被接管或冻结的；

⑨在最近三年内有骗取中标或严重违约或重大工程质量问题的；

⑩与本招标项目的监理人或代建人或招标代理机构同为一个法人代表人的；

⑪与本招标项目的监理人或代建人或招标代理机构相互任职或工作的。

（2）招标文件

1）招标文件的澄清。投标人应仔细阅读和检查招标文件的全部内容，如果发现缺页或附件不全，应及时向招标人提出，以便补齐。如有疑问，应在投标人须知内附表规定的时间内以书面形式，要求招标人对招标文件予以澄清。

2）招标文件的修改。招标人可以以书面形式修改招标文件，并通知所有已购买招标文件的投标人。修改招标文件的时间距投标人须知前附表规定的投标截止日不足 15 天的，并且澄清内容影响投标文件编制的，应相应顺延投标截止时间。

（3）投标文件

1）投标报价。投标人应按投标文件格式的要求填写投标价格清单。投标人应充分了解施工场地的位置、周边环境、道路、装卸、保管、安装限制以及影响投标报价的其他要素。投标人根据投标设计，结合市场情况进行投标报价。

2）投标有效期。投标有效期的作用不仅是保证招标人有足够的时间在开标后完成评标、定标、合同签订等工作，而且要求投标人在此期间不得撤销或修改其投标文件。

3）投标保证金。投标保证金是在招投标活动中，投标人随投标文件一同递交给招标人的一定形式、一定金额的投标责任担保。有下列情形之一的，投标保证金将不予退还：

①投标人在规定投标有效期内撤销或修改其投标文件；

②中标人在收到中标通知书后，无正当理由拒签合同或未按招标文件规定提交履约担保。

3. 评标方法

房屋建筑和市政基础实施工程施工招标评标方法一般分为综合评估法和经评审的最低投标价法两大类。《中华人民共和国招标投标法》规定的中标投标文件应该具备下列条件之一：

①能够最大限度地满足招标文件中规定的各项综合评价标准；

②能够满足招标文件的实质性要求，并且经评审的投标价格最低；

但两类评标办法都必须遵守"投标价格低于成本的除外"的规定。

（1）综合评估法

综合评估法是以投标文件能否最大限度地满足招标文件规定的各项综合评价标准为前提，在全面评审商务标、技术标等内容的基础上，评判投标人关于具体招标项目的技术、施工、管理难点把握的准确程度、技术措施采取的恰当和适用程度、管理资源投入的合理及充分程度等。一般采用量化评分办法，通常采用商务部分不得低于60%，技术部分不得高于40%，综合投标价格、施工方案、进度安排、生产资源投入、企业实力和业绩、项目经理等各项因素的评分，按最终得分高低确定中标候选人排序，通常做法是综合得分最高的投标人为中标人。

（2）经评审的最低投标价法

经评审的最低投标价法评审的内容基本上与综合评估法一致，是以投标文件能否完全满足招标文件的实质性要求和投标报价是否低于成本价为前提，以经评审的、不低于成本的最低投标价为标准，由低向高排序而确定中标候选人。技术部分一般采用合格制评审的方法，在技术部分满足招标文件要求的基础上，最终以经评审的投标价作为决定中标人的唯一因素。

4. 合同

（1）合同条款及格式

合同条款是工程施工招标文件中非常重要的内容。目前我国在工程建设领域推行使用住房和城乡建设部、国家工商行政管理总局制定的《建设工程施工合同（示范文本）》GF-2017-0201。

合同条款有合同协议书、通用合同条款和专用合同条款三部分组成。

合同协议书中集中约定了与工程实施相关的主要内容，包括：工程概况、合同工期、质量标准、签约合同价和合同价格形式、项目经理、合同文件构成、承诺及合同生效条件等重要内容。

通用合同条款是合同当事人根据《中华人民共和国建筑法》、《中华人民共和国合同法》等法律法规的规定，就工程建设的实施及相关事项，对合同当事人的权利义务作出的原则性约定。合同当事人原则上不应直接修改通用合同条款，而是专用合同条款中进行相应的补充。

专用合同条款是对通用合同条款原则性约定的细化、完善、补充、修改或另行约定的条款，根据工程具体情况做个性化的约定。合同当事人可以根据不同建设工程的特点及具体情况，通过双方的谈判、协商对相应的专用合同条款进行修改补充。

（2）合同填写注意事项

①发包人和承包人填写法人全称而非简称，应与营业执照一致。

②工程名称：填写 ×× 工程全称；

③工程地点：填写详细地点，例如 ×× 市 ×× 区（县）×× 路（街）×× 号；

④项目审批、核准或备案机关名称和批文名称及编号的注明主要是为潜在投标人在决策过程中辨别工程项目的真伪提供信息，以防止被骗；

⑤资金来源应说明类型，包括国家投资、自筹资金、银行贷款、利用有价证券市场筹措、外商投资等；多种来源方式的，应注明方式及所占比例；

⑥工程内容与工程承包范围应保持一致。工程内容主要是指建设规模、结构特征。以房屋建筑工程为例应包括：建筑面积、层数、层高、结构类型、用途、占地面积等；工程承包主要工程具体类别包括：土石方、土建、水电安装、防水、保温、弱电、园区道路及地下管网、绿化等所有或部分施工内容；

⑦区别于实际开工日期、实际竣工日期，是对计划开工、竣工日期不一致的情况的规范化表述；

⑧日历天数包括周末和法定节假日，应注意准确计算总日历天数；

⑨质量标准要按照国家、行业颁布的建设工程质量验收标准填写，可以直接填写“合格”；

⑩签约合同价是指将整个承包范围内的所有价款相加求和；是否包含指定分包专业工程价款或暂估价项目价款应注明；

⑪合同价格形式包括：单价合同形式、总价合同形式、可调价格合同形式；合同价格形式应与专用合同条款的约定保持一致；

⑫详细信息在专用合同条款中约定；

⑬中标通知书作为承诺的内容，在实践中，中标通知书送达中标人时生效；中标通知书的作用是告知中标人中标的消息，确定合同签订的时间；

⑭投标文件为要约的内容；

⑮技术标准和要求、图纸、已标价工程量清单或预算书作为合同文件的组成部分，是工程实施的重要依据之一。

5. 招标文件编制过程所使用的软件

（1）广联达电子招标文件编制工具；

（2）广联达 BIM 招投标沙盘执行评测系统；

（3）广联达计价软件 GBQ4.0/GCCP5.0

6. 本工程案例招标文件编制的思路

（1）在 GBQ4.0/GCCP5.0 计价软件招标管理中（本工程以 GBQ4.0 为例），招标控制价编制完成后，点击“返回项目管理”回到项目管理界面，在“发布招标书”页签，“生成 / 预览招标书”选项，先点击“招标书自检”，再点击“生成招标书”，即生成一份本工程案例对应的招标书。然后切换至“导出 / 刻录招标书”页签，点击“导出招标书”，选择招标书保存位置，最后生成一个“大学生活动中心招标书”的文件夹，文件中“电子招标书”文件夹 XML 文件即是我们需要的电子版工程量清单文件。

（2）打开广联达电子招标文件编制工具，点“新建项目”，选择“房屋建筑和市政工程标准施工招标文件 2017 版”，弹出保存路径对话框，如图 4-21 所示。

图 4-21　新建项目

（3）保存后即进入招标文件的编制界面，如图 4-22 所示。

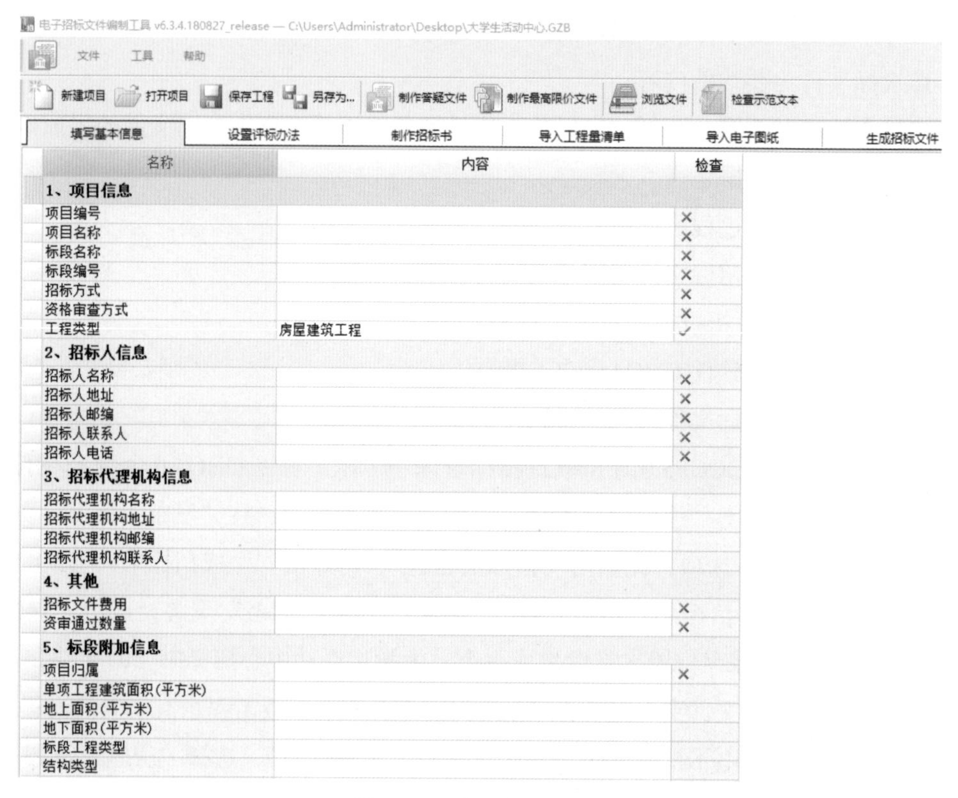

图 4-22 填写基本信息

（4）然后按要求依次填写完成“填写基本信息”“设置评标办法”“制作招标书”，然后点击“导入工程量清单”页签，分别对“总说明”和“工程量清单”进行导入操作，其中工程量清单是由前期 GBQ4.0/GCCP5.0 生成的电子版招标工程量清单 XML 文件。然后进入“导入电子图纸”页签，可将招标图纸进行导入。如图 4-23 所示。

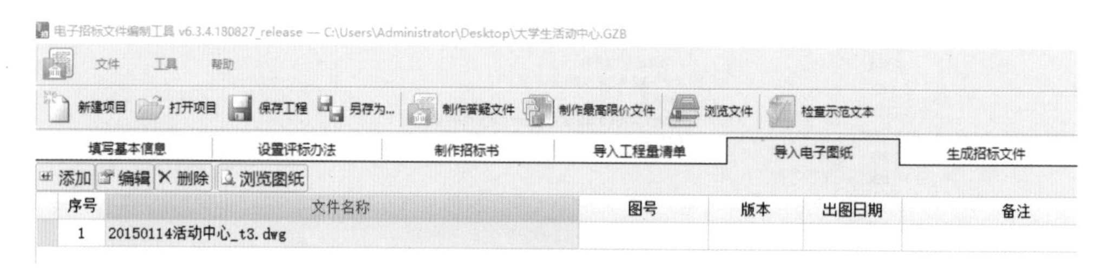

图 4-23 电子招标文件编制

（5）操作完成后，点击“检查示范文本”功能，检查标书有无遗漏和错误，有错误则根据提示进行修改，直至无误后，则可点击“生成招标文件”。生成招标文件时先进行“转换”或“批量转换”操作，如图 4-24 所示。

图 4-24 生成招标文件

（6）转换完成后则可进行“签章”功能，电子签章完成后，最后通过“生成招标文件”功能生成一份后缀为“.BJZ”的电子版招标文件。如图 4-25 所示。该电子版招标文件即为招标人可公开发售的电子招标文件（内含招标工程量清单、电子招标图纸）。

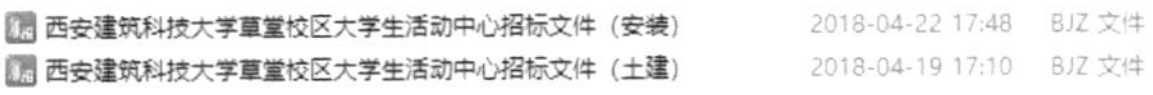

西安建筑科技大学草堂校区大学生活动中心招标文件（安装）	2018-04-22 17:48	BJZ 文件
西安建筑科技大学草堂校区大学生活动中心招标文件（土建）	2018-04-19 17:10	BJZ 文件

图 4-25 电子版招标文件

5

BIM 投标管理

BIM 投标管理是基于 BIM 的招标阶段文件成果进行编制的，其内容包括：BIM 技术标编制和 BIM 商务标编制。根据 BIM 招标阶段完成的 BIM 招标文件内容，结合工程案例信息编制完成 BIM 技术标和 BIM 商务标，通过广联达标书编制软件，汇总整理并完成一份完整的 BIM 投标文件。

5.1 商务标编制

根据 BIM 招标阶段完成的 BIM 招标文件内容，结合招标工程量清单文件，通过广联达清单计价软件 GBQ4.0 或 GCCP5.0，完成 BIM 投标报价文件的编制（基于投标报价的定价、调价的原理和方法基础上），结合《中华人民共和国简明标准施工招标文件》（2012 年版）对投标文件格式的要求，最终形成完整的商务标文件。

5.1.1 资信标编制

1. 资格审查文件的主要内容

资格审查主要分为资格预审和资格后审两种方式。本工程案例以资格后审为例说明资信标的编制过程。

资格审查文件的主要内容一般应包括法定代表人身份证明、授权委托书、联合体协议书、申请人基本情况表、近年财务状况表、近年完成的类似项目情况表、正在施工的和新承接的项目情况表、近年发生的诉讼及仲裁情况以及其他材料等部分。具体内容和格式可参考《房屋建筑和市政工程标准施工招标资格预审文件》（建市 [2010] 88 号）。

2. 资格审查文件的编制要求

（1）资格审查文件应严格按照招标文件中规定的格式进行编写，如有必要，可以增加附页作为资格审查文件的组成部分。申请人须知前附表中规定接受联合体资格申请的，联合体各方成员均应填写相应的表格和提交相应的材料。

（2）法定代表人授权委托书必须由法定代表人签署。

（3）“申请人基本情况表”应附申请人营业执照副本及相关的证明材料、资质证书副本和安全生产许可证等材料的复印件。

（4）“近年财务状况表”应附经会计师事务所或审计机构审计的财务会计报表，包括资产负债表、现金流量表、利润表和财务情况说明书的复印件，具体年份要求见申请人须知前附表。

（5）“近年完成的类似项目情况表”应附中标通知书或合同协议书、工程接收证（工程竣工验收证书）的复印件，具体年份要求见申请人须知前附表。每张表格只填写一个项目，并标明序号。

（6）“正在施工的和新承接的项目情况表”应附中标通知书或合同协议书的复印件。每张表格只填写一个项目，并标明序号。

（7）“近年发生的诉讼及仲裁情况”应说明相关情况，并附法院或仲裁机构做出的裁决等有关法律文书复印件（如有），具体年份要求见申请人须知前附表。

（8）投标人应按照招标文件的要求，编制完整的资信标文件，并由投标人的法定代表人或其委托代理人签字或盖章。资格审查文件中的任何改动之处应加盖单位章或由投标人的法定代表人或其委托代理人签字或盖章确认。

3. 资格审查文件编制的注意事项

为了顺利通过资格审查，投标人一方面应注意平时做好一般资格审查所需有关资料的积累工作，将其储存在计算机中。因为资格审查文件的内容中，关于财务状况、施工经验、人员能力等属于通用审查的内容，在此基础上，补充一些针对某一具体项目要求的其他资料，即可快速完成资格审查文件需要填写的内容。

另一方面，在进行填表分析时，投标人既要针对工程特点下功夫填好各个审查项目，又要针对业主考虑的重点仔细分析，全面反映出本公司的施工经验、施工水平和施工组织能力。使资格审查文件既能达到业主要求，又能反映自己的优势，给业主留下深刻印象。

4. 本工程资格审查文件编制的过程

资信标的编制就是资格审查文件编制的过程，依据毕业设计任务的要求，本案例采用广联达电子投标文件编制工具进行编制，其编制思路为：

（1）打开广联达电子投标文件编制工具，点击“新建项目”，如图 5-1 所示，弹出导入文件提示框，点击“导入文件”按钮导入招标文件。

然后填写投标单位名称，最后点击“新建”，建立投标文件。

图 5-1　导入招标文件

（2）投标文件新建好之后，此时弹出保存路径对话框，选择投标文件的保存路径，点击“保存”，确定投标文件的保存路径（图 5-2）。

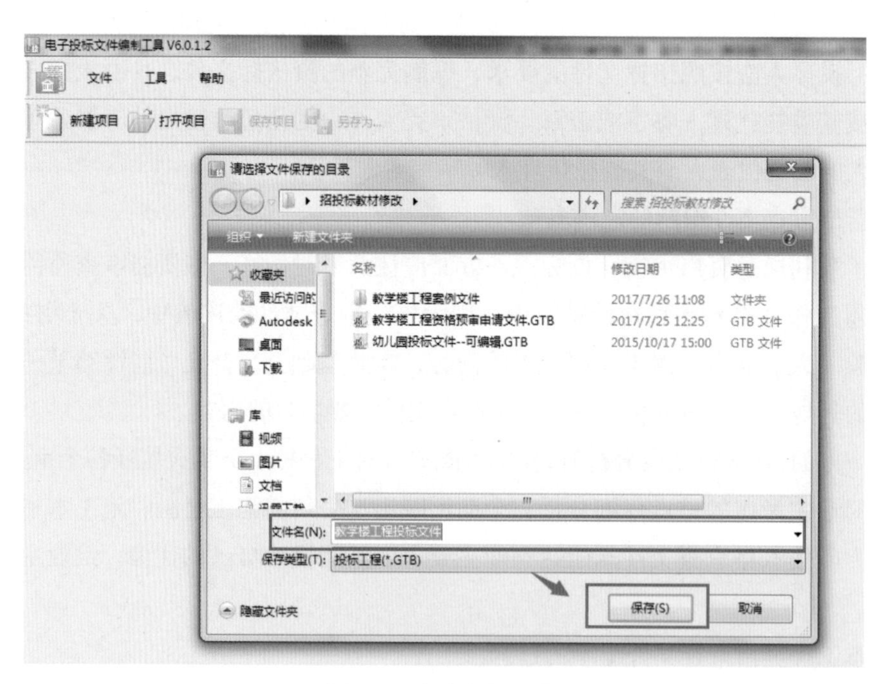

图 5-2　保存投标文件

（3）进入软件主界面，此时软件默认进入“浏览招标文件界面”，即可浏览电子签章的招标文件。选择书签中章节内容可以浏览相应的内容，如招标文件中对投标申请人的资格要求等（图 5-3）。

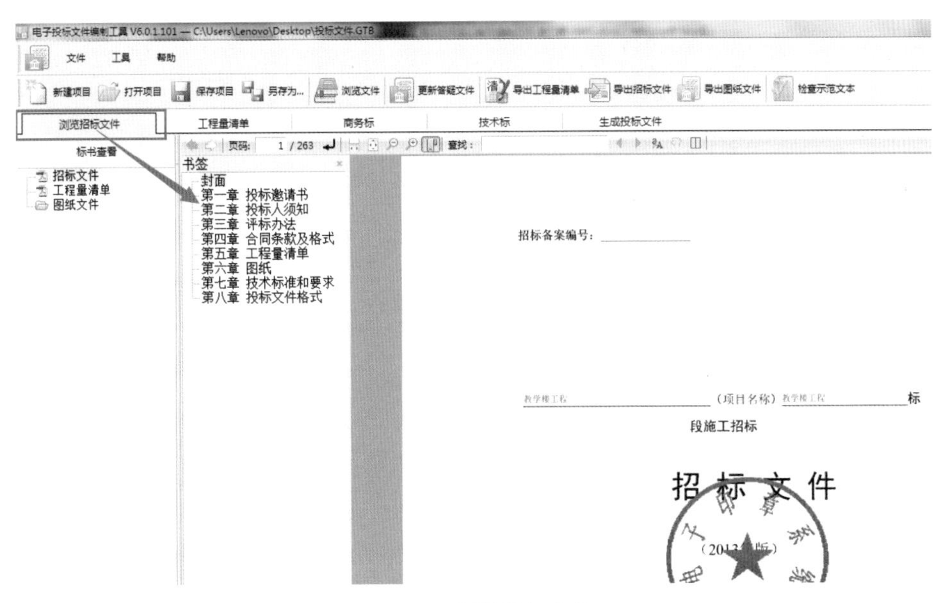

图 5-3　浏览招标文件

（4）资格审查资料部分根据招标文件中对投标申请人提出的各项资格审查的要求，完成投标文件资信标的编制。如果需要上传附件图片，在需要上传的目录处，点击鼠标右键，选择添加附件或者子附件。例如：选择“授权委托书”右键点击“添加子附件”，修改子附件名称，点击“导入文件”，找到相应文件导入即可。如图 5-4、图 5-5 所示。

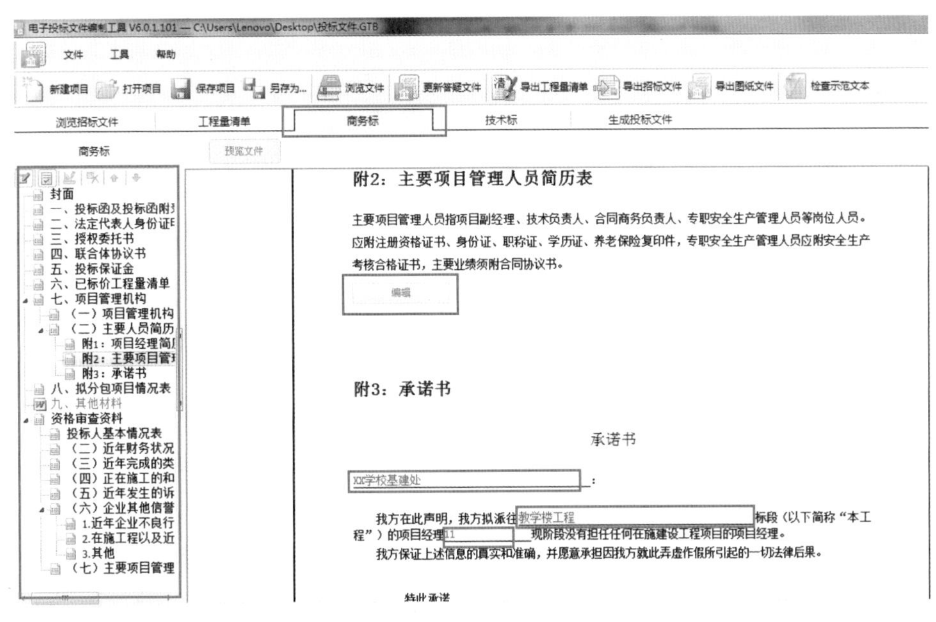

图 5-4　资信标编制

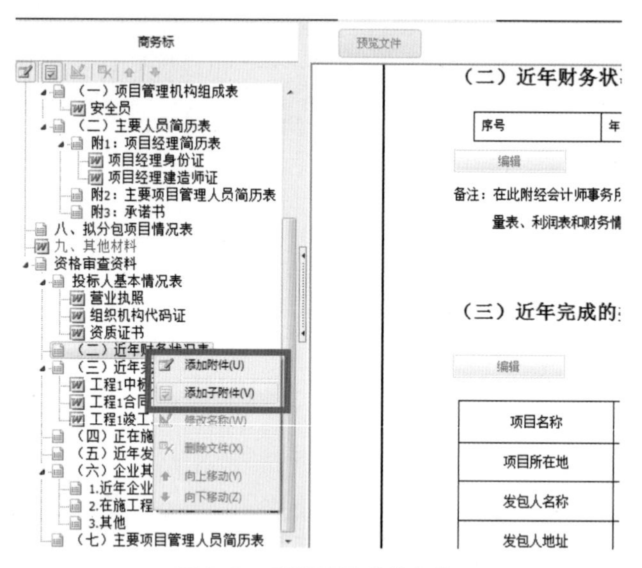

图 5-5　附件及子附件上传

（5）使用软件中“检查示范文本”功能将错误内容完善后，检查通过并不意味着该投标文件符合招标文件中对于投标申请人资格审查的内容要求，而是要由投标人依据招标文件要求逐项检查满足。如图 5-6 所示。

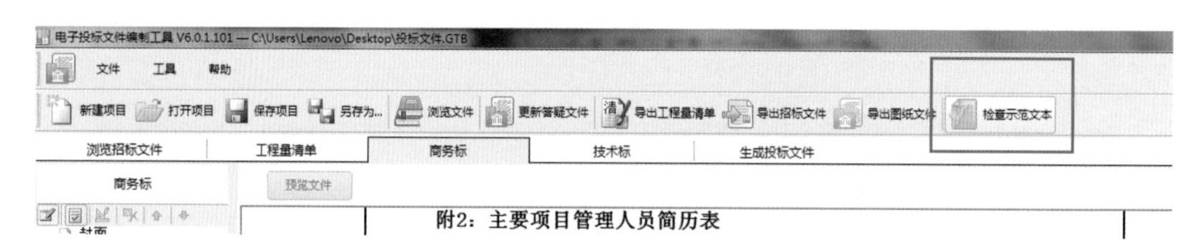

图 5-6　检查示范文本

5.1.2　经济标编制

经济标是商务标的核心文件，依据招标文件的要求，经济标的编制采用工程量清单计价模式编制。工程量清单计价是指投标人完成由招标人提供的工程量清单所需的全部费用，其核心是确定综合单价和计算全部费用（五个清单的费用）。

1. 经济标的编制方法和注意事项

经济标编制的实质是投标报价的编制，其思路是首先根据招标文件提供的工程量清单编制分部分项工程量清单计价表、措施项目清单计价表、其他项目清单计价表以及规费、税金项目清单计价表，计算完毕后，汇总而得到单位工程投标报价汇总表，再层层汇总，分别得出单项工程投标报价汇总表和工程项目投标总价汇总表。在编制过程中，注意填写的项目代码、项目名称、项目特征、计量单位、工程量必须与招标文件提供的工程量清单保持一致。

1）分部分项工程量清单计价表的编制，其主要内容是确定综合单价。

（1）综合单价的确定步骤和方法：

①确定计算基础。有企业定额的依据企业定额，没有企业定额或企业定额缺项时，可参照与本企业定额相近的国家、地区、行业定额，并通过调整来确定清单项目的人工、材料、机械台班单位用量。各种人工、材料、机械台班的单价，应根据询价的结果和市场行情综合确定。

②分析每一项目的工程内容，计算工程内容相应的工程数量。清单综合单价中综合了人工费、材料费、机械费、企业管理费、利润，并考虑了一定范围的风险费用，但未包括措施项目费、规费和税金，因此它是一种不完全综合单价。根据清单特征描述，确定各清单项目实际应发生的工程内容。每一工程内容都应根据所选定定额的工程量计算规则计算其工程数量，尤其注意的是当定额工程量计算规则与清单计算规则不一致时，必须按照定额规则计算工程数量。

（2）确定综合单价应注意的事项：

①以项目特征描述为依据。当出现清单中项目特征描述与设计图纸不符时，应以清单的项目特征描述为准，确定投标报价的综合单价。施工时，发承包双方再按实际施工的项目特征，依据合同约定重新确定综合单价。

②材料暂估价的处理。招标文件在其他项目清单中提供了暂估价的材料，应按其暂估的单价计入综合单价。

③单价与包干混合制合同中，招标人要求有些项目采用包干报价时，宜报高价。这类项目多半有风险，而且这类项目在完成后可全部按报价结算；其余单价项目可适当降低。

④有时招标文件要求投标人对工程量大的项目报“综合单价分析表”，投标时可将表中的人工费和机械设备费报得高些，而材料费报得低些，在以后补充项目报价时，可以参考表中较高的人工费和机械费，继而可获得较高的收益。

2）措施项目清单计价表的编制。

措施项目清单计价应依据投标人编制的投标施工组织设计，可以计算工程量的措施项目宜按照分部分项工程量清单方式采用综合单价计价；其余的措施项目可以“项”为单位的方式计价，应包括除规费、税金以外的全部费用。

《建设工程工程量清单计价规范》GB 50500—2013 规范规定，措施项目清单中的安全文明施工费应按照国家或省级、行业建设主管部门的规定费用标准计价，此费用不能参与市场竞争。

3）其他项目清单计价表的编制。

其他项目费主要包括暂列金额、暂估价、计日工以及总承包服务费，投标报价时应遵循以下原则：

（1）暂列金额应按照其他项目清单中列出的金额填写，不得变动。暂定金额的报价有两种情况需要注意：

①招标人规定了暂定金额的分项内容和暂定总价款，允许将来按投标人所报单价和实际完成工程量付款，这时应对暂定金额的单价适当提高。

②招标人列出暂定金额的项目和数量，但没有限定总价款，要求投标人列出单价和总价，可采用正常报价，如果估计今后实际工程量肯定会增加，则可适当提高单价，使将来可获得额外收益。

（2）暂估价不得变动和更改。

（3）计日工单价的报价。

计日工应按照其他项目清单列出的项目和估算的数量，自主确定各项综合单价并计算费用，如果是单纯计日工单价，不计入总价，可以报高些，以便在招标人额外用工或使用施工机械时可多盈利。但如果计日工单价要计入总报价时，则需要具体分析是否需要报高价，以免抬高总价。

（4）总承包服务费的确定。

根据招标人在招标文件中列出的分包专业工程内容和供应材料、设备情况，按照招标人提出的协调、配合与服务要求和施工现场管理需要由投标人自主确定。

（5）规费、税金的计取。

其标准是依据有关法律、法规和政策规定制定的，具有强制性，在投标时必须按照国家或省级、行业建设主管部门的有关规定计取。

2. 该案例工程经济标编制的过程

按照毕业设计任务书的要求，依据提供的招标文件，项目设计文件，施工组织方案，《消耗量定额》等资料，运用“广联达电子投标文件编制工具”和广联达云计价 GCCP5.0 平台进行编制。其编制过程如下：

1）导出电子招标清单

（1）打开本案例工程资信标编制时新建的电子投标文件（见图 5-3），进入“工程量清单”界面，点击“导出工程量清单”，可以把电子招标文件里的招标工程量清单导出来（图 5-7）。

（2）导出来的招标工程量清单文件格式为 .XML 文档（图 5-8）。

2）将从“广联达电子投标文件编制工具”导出的“招标工程量清单”导入到广联达云计价 GCCP5.0 里进行套定额、组价。

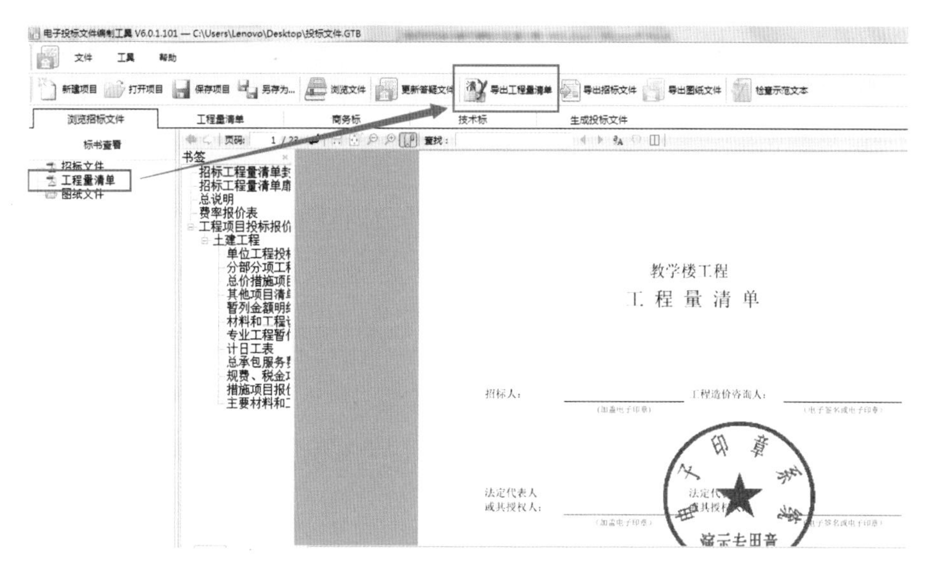

图 5-7 导出招标工程量清单

图 5-8 招标工程量清单文件

（1）启动“广联达云计价平台 GCCP5.0”软件，进入软件点击“新建”，选择项目类型，点击“新建招投标项目”，此时弹出“新建工程”对话框（图 5-9）。

图 5-9 新建招投标项目

（2）在“新建工程”对话框中点击“清单计价”功能，再点击“新建单位工程”功能，此时弹出“新建单位工程”界面，按招标文件要求填写工程名称，选择清单库、清单专业、定额库、定额专业、模板类别和综合系数专业（图 5-10）。

新建单位工程

工程名称：单位工程

清 单 库：陕西省建设工程工程量清单计价规则(2009)

清单专业：建筑工程

定 额 库：陕西省建筑装饰工程价目表(2009)

定额专业：土建工程

模板类别：建筑工程(人工费按市场价取费)

综合系数专业：土建工程

确定　取消

图 5-10　新建单位工程

（3）在“新建单位工程”对话框填写和选择信息完成后，点击“确定”，此时弹出“清单计价”页面。在“清单计价”页面，点击“导入”，选择“导入 XML 文件”，此时弹出“打开”对话框，选择招标工程量清单，点击“打开”，弹出“导入 XML 招标文件”，点击“导入”，完成后弹出“清单计价”页面如图 5-11。

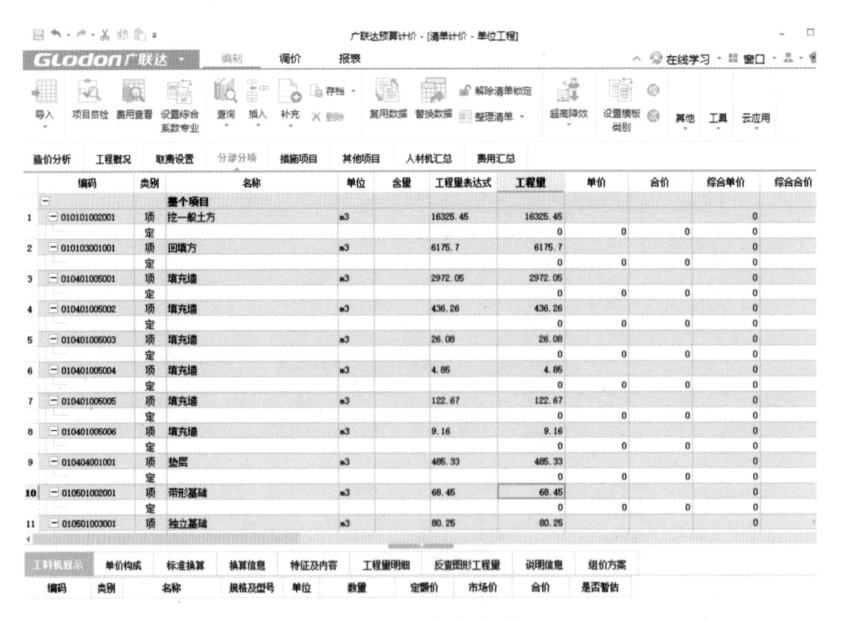

	编码	类别	名称	单位	含量	工程量表达式	工程量	单价	合价	综合单价	综合合价
			整个项目								
1	010101002001	项	挖一般土方	m3		16325.45	16325.45			0	
		定					0	0	0	0	
2	010103001001	项	回填方	m3		6175.7	6175.7			0	
		定					0	0	0	0	
3	010401005001	项	填充墙	m3		2972.05	2972.05			0	
		定					0	0	0	0	
4	010401005002	项	填充墙	m3		436.26	436.26			0	
		定					0	0	0	0	
5	010401005003	项	填充墙	m3		26.08	26.08			0	
		定					0	0	0	0	
6	010401005004	项	填充墙	m3		4.85	4.85			0	
		定					0	0	0	0	
7	010401005005	项	填充墙	m3		122.67	122.67			0	
		定					0	0	0	0	
8	010401005006	项	填充墙	m3		9.16	9.16			0	
		定					0	0	0	0	
9	010404001001	项	垫层	m3		485.33	485.33			0	
		定					0	0	0	0	
10	010501002001	项	带形基础	m3		68.45	68.45			0	
		定					0	0	0	0	
11	010501003001	项	独立基础	m3		80.25	80.25			0	

图 5-11　清单计价

特别提示：此处是按照北京地区 GCCP5.0 软件的功能执行的，各地区略有差异。陕西地区 GCCP5.0 软件在点击“导入”时，选择中没有“导入 XML 文件”项，只有“导入 Excel 文件”“导入单位工程”和“导入算量文件”三个选项。因此，没有“导入 XML 文件”项的软件，是不适合用这个流程进行经济标的编制的。可直接利用广联达 GBQ4.0 或者广联达云计价平台 GCCP5.0 中的招标和投标功能进行编制。

（4）在“清单计价”页面即图 5-11 所示页面进行套定额、组价。按照 5.1.2 中经济标的编制方法和注意事项逐项为各清单套取定额子目（图 5-12）。

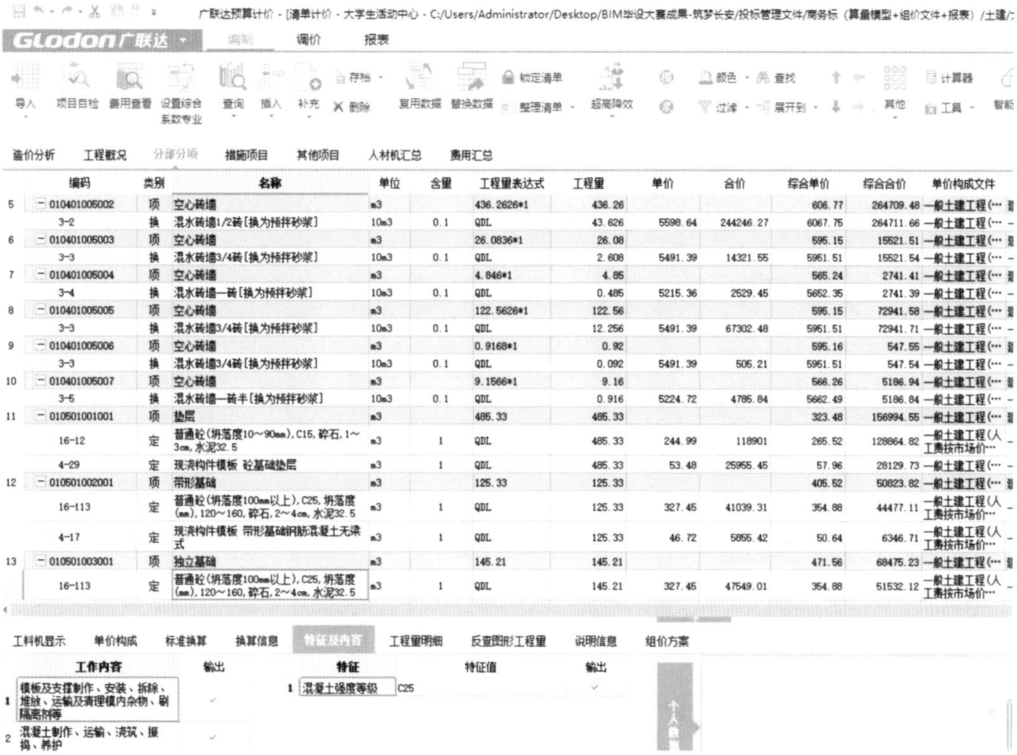
广联达预算计价 - [清单计价 - 大学生活动中心 - C:/Users/Administrator/Desktop/BIM毕设大赛成果-筑梦长安/投标管理文件/商务标（算量模型+组价文件+报表）/土建/
Glodon广联达
编制 调价 报表
导入 项目自检 费用查看 设置综合系数专业 查询 插入 补充 删除 存档 复用数据 替换数据 锁定清单 整理清单 超高降效 颜色 查找 过滤 展开到 其他 计算器 工具 智能
造价分析 工程概况 分部分项 措施项目 其他项目 人材机汇总 费用汇总
编码 类别 名称 单位 含量 工程量表达式 工程量 单价 合价 综合单价 综合合价 单价构成文件
5 010401005002 项 空心砖墙 m3 436.2626*1 436.26 606.77 264709.48 一般土建工程(…
3-2 换 混水砖墙1/2砖[换为预拌砂浆] 10m3 0.1 QDL 43.626 5598.64 244246.27 6067.75 264711.66 一般土建工程(…
6 010401005003 项 空心砖墙 m3 26.0836*1 26.08 595.15 15521.51 一般土建工程(…
3-3 换 混水砖墙3/4砖[换为预拌砂浆] 10m3 0.1 QDL 2.608 5491.39 14321.55 5951.51 15521.54 一般土建工程(…
7 010401005004 项 空心砖墙 m3 4.846*1 4.85 565.24 2741.41 一般土建工程(…
3-4 换 混水砖墙一砖[换为预拌砂浆] 10m3 0.1 QDL 0.485 5215.36 2529.45 5652.35 2741.39 一般土建工程(…
8 010401005005 项 空心砖墙 m3 122.5626*1 122.56 595.15 72941.58 一般土建工程(…
3-3 换 混水砖墙3/4砖[换为预拌砂浆] 10m3 0.1 QDL 12.256 5491.39 67302.48 5951.51 72941.71 一般土建工程(…
9 010401005006 项 空心砖墙 m3 0.9168*1 0.92 595.16 547.55 一般土建工程(…
3-3 换 混水砖墙3/4砖[换为预拌砂浆] 10m3 0.1 QDL 0.092 5491.39 505.21 5951.51 547.54 一般土建工程(…
10 010401005007 项 空心砖墙 m3 9.1566*1 9.16 566.26 5186.94 一般土建工程(…
3-5 换 混水砖墙一砖半[换为预拌砂浆] 10m3 0.1 QDL 0.916 5224.72 4785.84 5662.49 5186.84 一般土建工程(…
11 010501001001 项 垫层 m3 485.33 485.33 323.48 156994.55 一般土建工程(…
16-12 定 普通砼(坍落度10～90mm),C15,碎石,1～3cm,水泥32.5 m3 1 QDL 485.33 244.99 118901 265.52 128864.82 一般土建工程(人工费按市场价…
4-29 定 现浇构件模板 砼基础垫层 m3 1 QDL 485.33 53.48 25955.45 57.96 28129.73 一般土建工程(…
12 010501002001 项 带形基础 m3 125.33 125.33 405.52 50823.82 一般土建工程(…
16-113 定 普通砼(坍落度100mm以上),C25,坍落度(mm),120～160,碎石,2～4cm,水泥32.5 m3 1 QDL 125.33 327.45 41039.31 354.88 44477.11 一般土建工程(人工费按市场价…
4-17 定 现浇构件模板 带形基础钢筋混凝土无梁式 m3 1 QDL 125.33 46.72 5855.42 50.64 6346.71 一般土建工程(人工费按市场价…
13 010501003001 项 独立基础 m3 145.21 145.21 471.56 68475.23 一般土建工程(…
16-113 定 普通砼(坍落度100mm以上),C25,坍落度(mm),120～160,碎石,2～4cm,水泥32.5 m3 1 QDL 145.21 327.45 47549.01 354.88 51532.12 一般土建工程(人工费按市场价…
工料机显示 单价构成 标准换算 换算信息 特征及内容 工程量明细 反查图形工程量 说明信息 组价方案
工作内容 输出 特征 特征值 输出
1 模板及支撑制作、安装、拆除、堆放、运输及清理模内杂物、刷隔离剂等
2 混凝土制作、运输、浇筑、振捣、养护
1 混凝土强度等级 C25

图 5-12 套定额、组价

（5）清单定额套取完成后，点击“调价”，根据招标文件的要求、招标控制价的限定，结合投标人制定的投标策略和投标技巧，确定投标报价后（即定价）进行科学调价（图 5-13）。

（6）调价完成后，点击“编制”，在“编制”界面点击“项目自检”，弹出“项目自检”对话框，在对话框左侧，根据要求设置检查项，完成后，点击“执行检查”（图 5-14）。

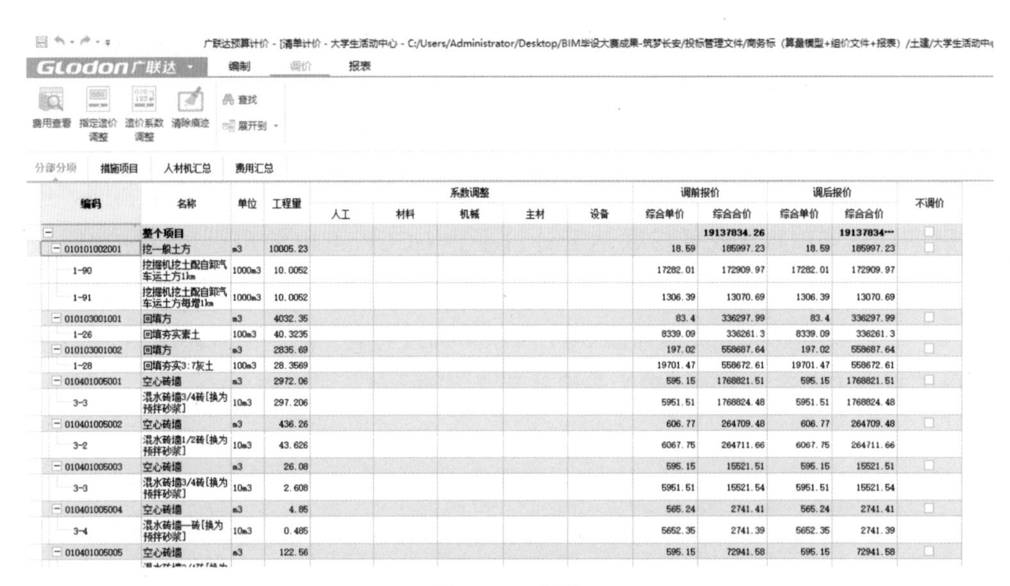

图 5-13　调价

图 5-14　项目自检

（7）根据检查结果进行修改，修改完成后，再点击“执行检查”，直到检查结果完全没有问题为止（图 5-15）。

图 5-15　项目自检通过

（8）检查没有问题，点击“报表”，根据招标文件要求在报表界面左侧选择要导出的报表，然后点击“批量导出 XML”，然后点击“导出选择表”，选择需要保存的路径即可。如图 5-16 所示。

图 5-16　导出报表

注：北京地区有“批量导出 XML”功能，各地区有差异；此处以陕西版 GCCP5.0 导出 Excel 为例讲解。

3）将从“广联达云计价 GCCP5.0”导出的 XML 格式工程文件导入到“广联达电子投标文件编制工具”完成经济标的编制。

（1）打开“广联达电子投标文件编制工具”建立的投标文件，点击“工程量清单”界面，选择“工程量清单”，点击“导入清单”，弹出选择界面。在弹出的选择界面，选择由 GCCP5.0 导出的 MXL 文件“大学生活动中心”。如图 5-17 所示。

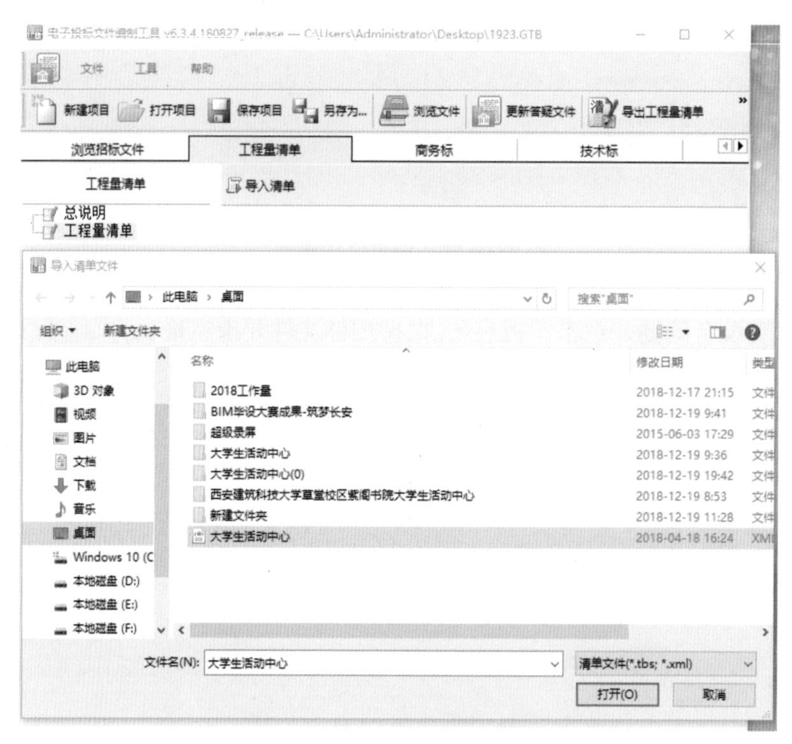

图 5-17　导入投标清单文件

（2）点击“打开”后自动显示投标报价的组成，完成经济标的编制。

提示：导入的投标工程量清单文件，系统会自动检查计算性错误，如果横向或者纵向的计算错误，则标书检查不通过，不能生成投标书。

5.2　BIM 技术标编制

根据 BIM 招标文件的要求和 BIM 投标文件的需要，依据工程设计文件，运用广联达施工组织设计编制相关软件，完成 BIM 技术标的编制，其主要内容和顺序：工程概况→施工部署→施工方案→进度计划→施工平面图→质量、安全文明等保证措施→新技术的应用等。

根据 BIM 技术标的特点，编制过程中需要运用的主要工具有：

运用广联达 BIM 模板脚手架设计软件进行模板脚手架方案的编制；

运用广联达 BIM 施工现场布置软件进行现场施工布置方案的编制；

运用广联达斑马·梦龙网络计划软件进行项目进度计划的编制；

详细的 BIM 技术标编制方案详见《建筑信息化应用毕业设计指导》(BIM 施工管理)。

5.3 BIM 述标方案编制

5.3.1 述标简介

述标：在建筑业信息化背景下，投标人向招标人提供投标文件后，由投标人利用信息化的手段，直观、客观、真实地展现投标文件所包含的货物、工程、服务的价格以及对应的技术方案等的过程。在此过程中，招标人不得质询，仅评阅投标文件；投标人不得答复，仅展现投标文件核心内容。

本案例工程 BIM 述标方案的确定将结合工程招标管理的要求，并考虑毕业设计任务书对投标文件的要求进行编制，其主要述标内容包含：BIM 技术标和 BIM 商务标。

BIM 技术标述标的主要内容及顺序：项目与公司简述→施工总体部署→项目关键点→项目组织结构→项目管理目标→施工方案→三维场地布置→施工进度网络计划→资源管控→各项保证措施→新技术的应用等。

BIM 商务标述标的主要内容及顺序：商务标组成→法定代表人证明（授权委托书）及投标函→投标报价说明→清单计价表→报价表→成本管控措施（新技术的应用）。

其中 BIM 述标方案的核心内容为：施工过程；报价形成过程；成本管控措施；施工进度管控措施等。

BIM 述标方案运用的工具为：广联达 BIM5D 协同管理平台。

5.3.2 BIM5D 述标方案编制

广联达 BIM5D 为工程项目提供一个可视化、可量化的协同管理平台。通过轻量化的 BIM 应用方案，达到减少施工变更、缩短工期、控制成本、提升质量的目的，同时为项目和企业提供数据支撑，实现项目精细化管理和企业集约化经营。

根据本工程项目的特点和招标文件的要求，本工程将采用广联达 BIM5D 协同管理平台进行 BIM 述标方案的编制。

其 BIM 述标的内容包含 BIM 技术标和 BIM 商务标及实施阶段的成本管控等，具体展示的内容及顺序为：BIM5D 简介及应用价值→项目介绍→施工方案介绍→进度计划介绍→物资投入介绍→三算对比→报表管理。

1. BIM5D 简介及应用价值

广联达 BIM5D 是以 BIM 模型为载体，实现进度、预算、物资、图纸、合同、质量、安全等业务信息关联，通过三维漫游、施工流水划分、工况模拟、复杂节点模拟、施工交底、形象进度查看、物资提量、分包审核等核心应用，帮助技术、生产、商务、管理等人员进行有效决策和精细化管理，从而实现减少项目变更，缩短项目工期，控制项目成本，提升施工质量的要求。其应用价值点如下：

（1）快速校核标的工程量清单

利用 BIM 模型提供的工程量快速测算或校核标的工程量，为商务标投标标的提供参考。在投标前期对资金进行把控，加强对后期资金成本控制，方便后期资金流转。如图 5-18 所示。

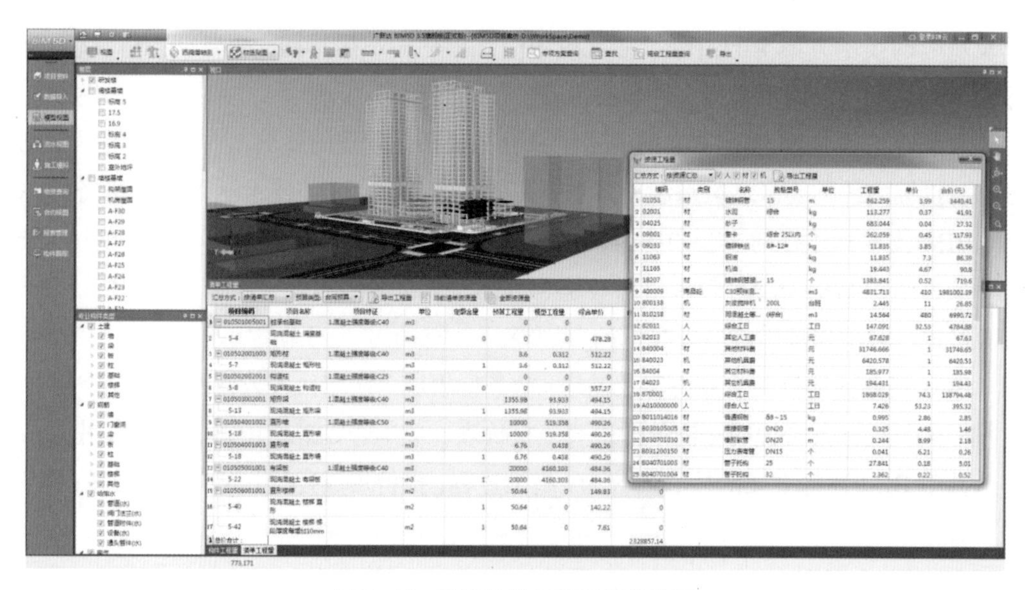

图 5-18　快速校核工程量清单截图

（2）技术标可视化展示

对于施工企业而言，项目投标阶段时间紧、任务重、竞争强。利用 BIM 技术对技术标中的关键施工方案、施工进度计划进行可视化动态模拟，直观呈现项整体部署及配套资源的投入状态，充分展现施工组织设计的可行性。如图 5-19 所示。

（3）施工组织设计优化

在项目策划阶段，需要考虑总进度计划整体的劳务强度是否均衡，根据现场场地的不同情况，也要考虑场地的合理利用。通过广联达 BIM5D 产品对整个施工总进度计划校核，工程演示提前模拟，根据资源调配及技术方案划分施工流水段，实现整个工况、资源需求及物料控制的合理安排。同时利用曲线图，关注波峰波谷，对于施工计划从成本层面进行进一步校核，优化进度计划。如图 5-20 所示。

图 5-19　施工模拟截图

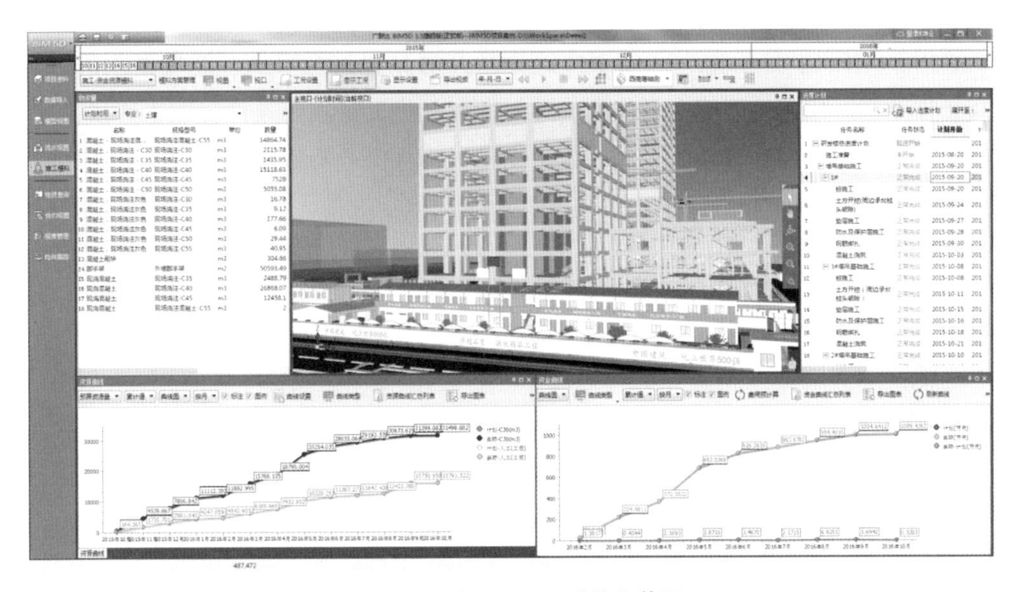

图 5-20　施工组织设计优化截图

（4）过程进度实时跟踪

每日任务完成情况自动分析，全面掌握施工进展，及时发现偏差，避免任务漏项，为保证施工工期提供数据支撑。利用手机端 APP，在施工现场对生产任务进行过程跟踪，将影响项目进度的问题通过云端及时反馈，供决策层实时决策、处理，保证进度按计划进行。利用 BIM5D 进行多视口可视化动态模拟，将实际施工情况和计划进度通过模型进行进度复盘，分析进度偏差原因及时进行资源调配。最终实现管理留痕，精细化管理。如图 5-21 所示。

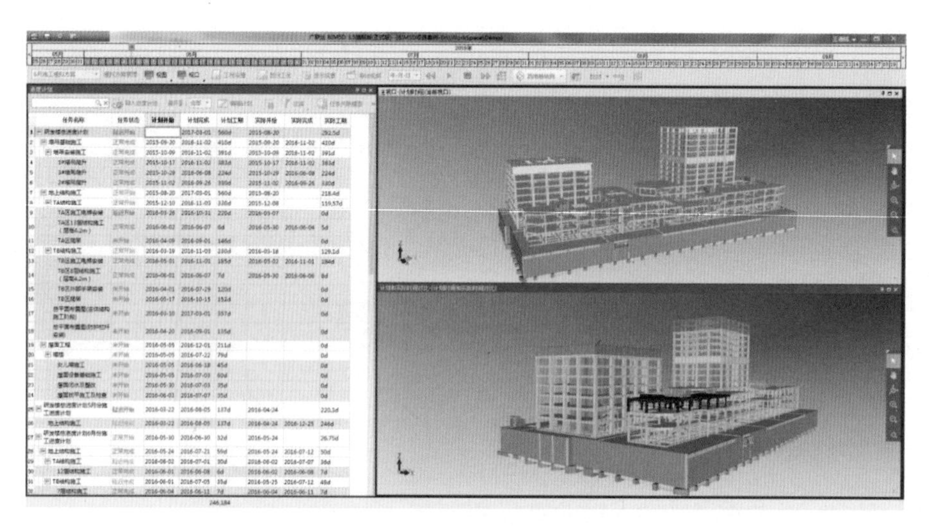

图 5-21　进度实时监控截图

（5）快速提取物资量

利用 BIM5D 平台依据工作需要快速提量并对分包进行审核，避免繁琐的手算，提高工作效率。快速按照施工部位和施工时间以及进度计划等条件提取物资量，完成劳动力计划、物资投入计划的编制，并可支持工程部完成物资需用计划，物资部完成采购及进场计划。如图 5-22 所示。

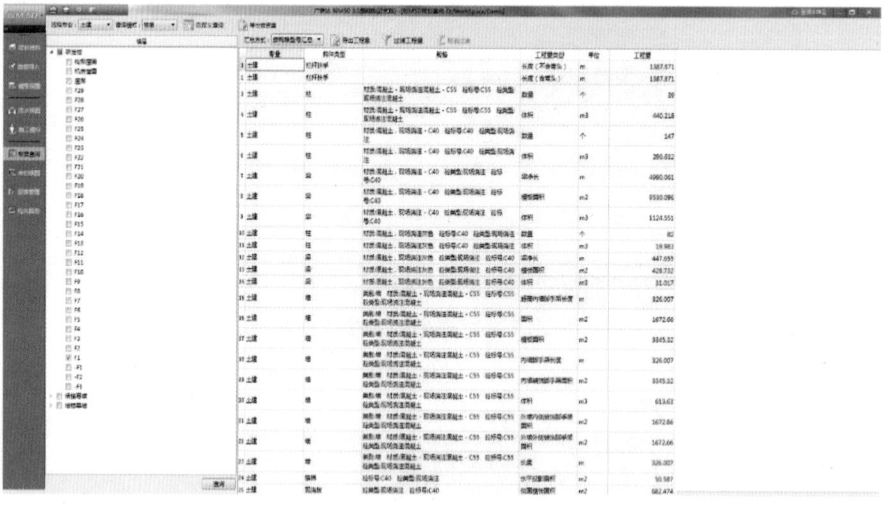

	专业	构件类型	规格	工程量类型	单位	工程量
1	土建	栏杆扶手		长度（不含弯头）	m	1387.871
2	土建	栏杆扶手		长度（含弯头）	m	1387.871
3	土建	柱	材质:混凝土-现场浇注混凝土-C55 砼标号:C55 砼类型:现场浇注混凝土	数量	个	39
4	土建	柱	材质:混凝土-现场浇注混凝土-C55 砼标号:C55 砼类型:现场浇注混凝土	体积	m3	440.218
5	土建	柱	材质:混凝土，现场浇注-C40 砼标号:C40 砼类型:现场浇注	数量	个	147
6	土建	柱	材质:混凝土，现场浇注-C40 砼标号:C40 砼类型:现场浇注	体积	m3	290.032
7	土建	梁	材质:混凝土，现场浇注-C40 砼类型:现场浇注 砼标号:C40	梁净长	m	4990.061
8	土建	梁	材质:混凝土，现场浇注-C40 砼类型:现场浇注 砼标号:C40	模板面积	m2	9530.096
9	土建	梁	材质:混凝土，现场浇注-C40 砼类型:现场浇注 砼标号:C40	体积	m3	1124.551
10	土建	柱	材质:混凝土，现场浇注灰色 砼标号:C40 砼类型:现场浇注	数量	个	82
11	土建	柱	材质:混凝土，现场浇注灰色 砼标号:C40 砼类型:现场浇注	体积	m3	19.983
12	土建	梁	材质:混凝土，现场浇注灰色 砼类型:现场浇注 砼标号:C40	梁净长	m	447.655
13	土建	梁	材质:混凝土，现场浇注灰色 砼类型:现场浇注 砼标号:C40	模板面积	m2	428.732
14	土建	梁	材质:混凝土，现场浇注灰色 砼类型:现场浇注 砼标号:C40	体积	m3	31.017
15	土建	墙	典型:墙 材质:混凝土-现场浇注混凝土-C55 砼标号:C55 砼类型:现场浇注混凝土	[illegible]	m	326.007
16	土建	墙	典型:墙 材质:混凝土-现场浇注混凝土-C55 砼标号:C55 砼类型:现场浇注混凝土	面积	m2	1672.66
17	土建	墙	典型:墙 材质:混凝土-现场浇注混凝土-C55 砼标号:C55 砼类型:现场浇注混凝土	模板面积	m2	3345.32
18	土建	墙	典型:墙 材质:混凝土-现场浇注混凝土-C55 砼标号:C55 砼类型:现场浇注混凝土	内墙脚手架长度	m	326.007
19	土建	墙	典型:墙 材质:混凝土-现场浇注混凝土-C55 砼标号:C55 砼类型:现场浇注混凝土	内墙砌筑脚手架面积	m2	3345.32
20	土建	墙	典型:墙 材质:混凝土-现场浇注混凝土-C55 砼标号:C55 砼类型:现场浇注混凝土	体积	m3	613.62
21	土建	墙	典型:墙 材质:混凝土-现场浇注混凝土-C55 砼标号:C55 砼类型:现场浇注混凝土	外墙内侧[illegible]面积	m2	1672.66
22	土建	墙	典型:墙 材质:混凝土-现场浇注混凝土-C55 砼标号:C55 砼类型:现场浇注混凝土	外墙外侧[illegible]面积	m2	1672.66
23	土建	墙	典型:墙 材质:混凝土-现场浇注混凝土-C55 砼标号:C55 砼类型:现场浇注混凝土	长度	m	326.007
24	土建	楼梯	砼标号:C40 砼类型:现场浇注	水平投影面积	m2	50.587
25	土建	现浇板	砼类型:现场浇注 砼标号:C40	侧面模板面积	m2	682.474

图 5-22　快速提取物资量截图

（6）质量安全实时监控

对岗位层级而言，提高岗位工作效率，方便问题记录、查询，对常见问题及风险源提前做到心中有数。对问题流程实现自动跟踪提醒，减少问题漏项，提高整改效率。自动输出销项单，整改通知单等，实现一次录入，多项成果输出，减少二次劳动。对管理层级而言，常见质量问题，危险源推送现场，将管理要求落实到现场，提高管理力度。管理流程实现闭环，实现管理留痕，减少问题发生频度。所有数据自动分析沉淀为后期追责、对分包管理提供科学数据支撑。如图 5-23 所示。

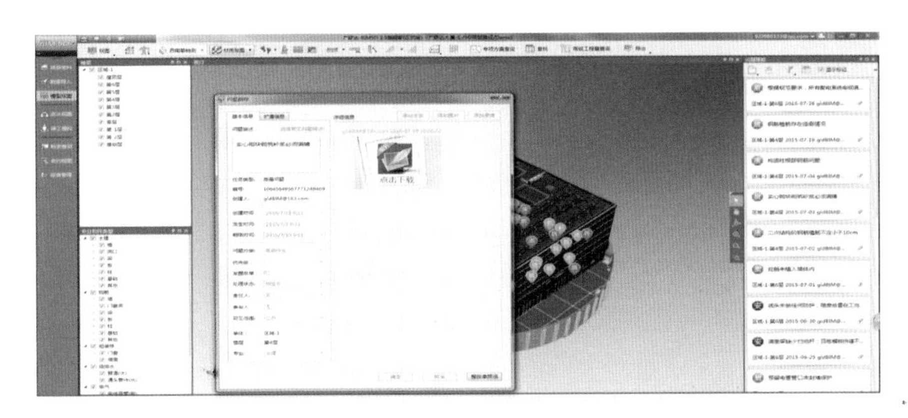

图 5-23　质量安全实施监控截图

（7）工艺、工法指导标准化作业

积累项目工艺数据，对每日任务提供具体工艺、工法指导，让技术交底工作落到实处，从而让施工有法可依，有据可查，串联各岗位工作。同时，提高交底文件编制效率，有效避免工艺漏项。利用手机端 APP 将工艺推送到现场，将交底内容与日常进度任务相结合，全面覆盖现场施工业务。如图 5-24 所示。

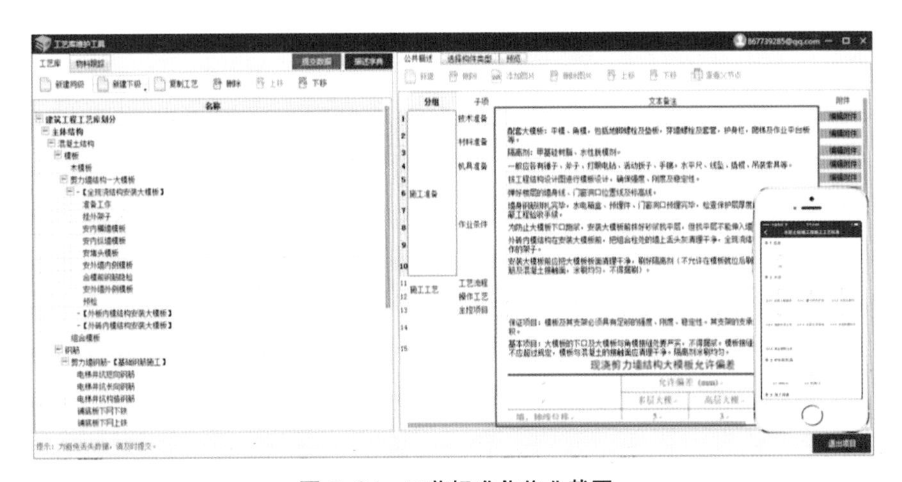

图 5-24　工艺标准化作业截图

（8）竣工交付输出三项成果

第一是交付竣工 BIM 模型，这将是未来竣工存档的一种必然方式；第二是对整个项目过程中的历史数据可追溯，领导层可查看项目过程中的各类信息；第三是过程中资金情况可实时反馈存档。如图 5-25 所示。

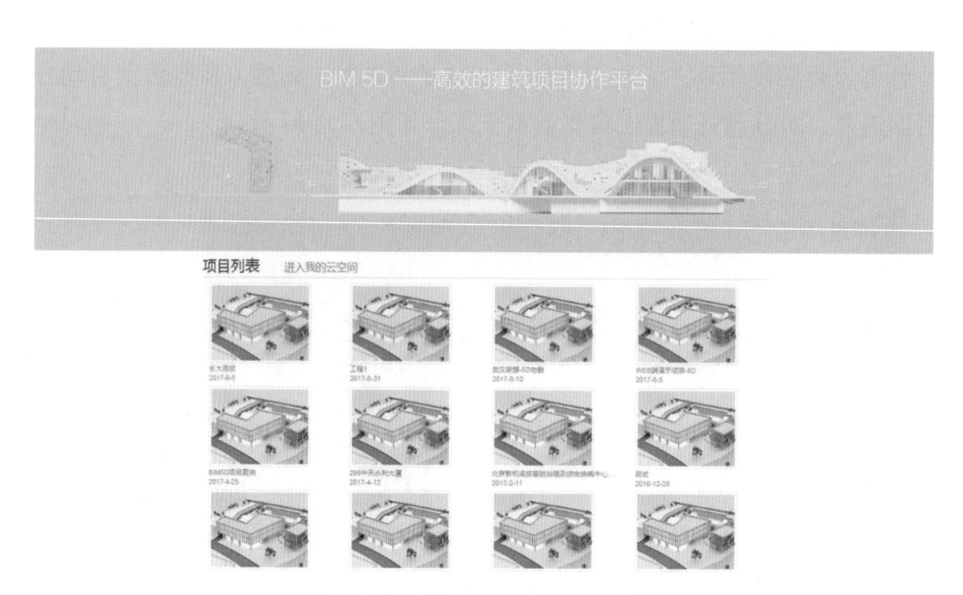

图 5-25　成果输出界面截图

2. 大学生活动中心项目介绍

在广联达 BIM5D 中，添加上传项目效果图，设置项目信息及显示进度跟踪等，可对项目的基本情况，包括项目概况、单体楼层、系统设置等进行介绍。如图 5-26 所示。

图 5-26　项目概况效果图截图

3. 施工方案介绍

项目施工方案的介绍可以通过广联达 BIM5D 中数据模型的导入、模型的管理、施工模拟来展现。

将外部建立的各种模型文件导入、合并，实现基于模型的应用，介绍模型视图、流水段划分、施工模拟、工程量查询等，直观地展现方案的实施过程。如图 5-27，图 5-28 所示。

图 5-27 各模型导入截图

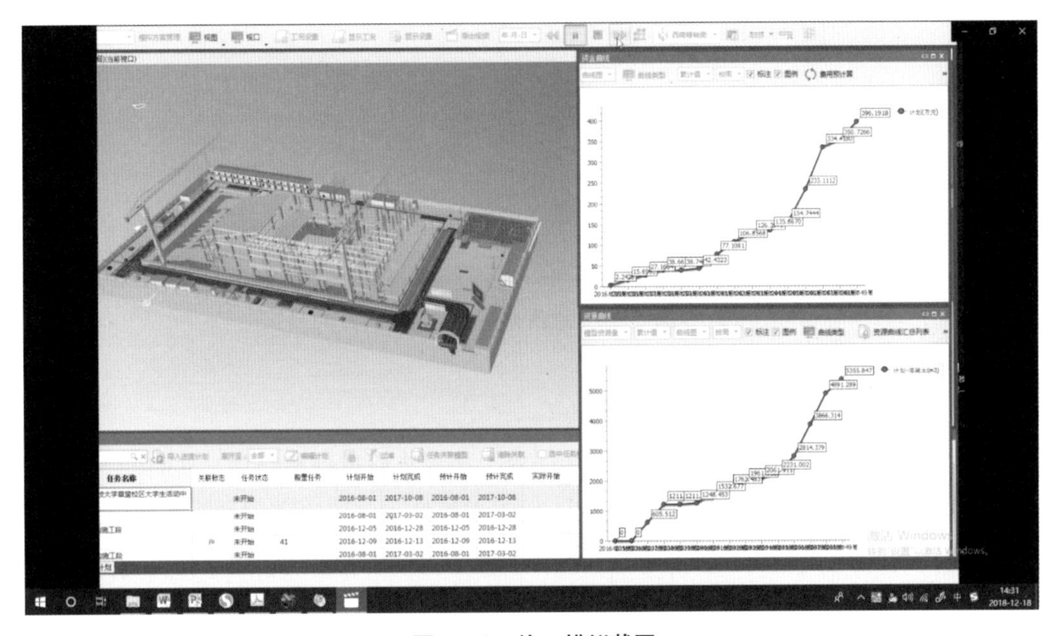

图 5-28 施工模拟截图

4. 进度计划介绍

在广联达 BIM5D 流水视图中进行施工进度计划的编制，将用斑马·梦龙软件或者 Project 软件编制好的施工进度计划导入广联达 BIM5D 中，如图 5-29 所示。然后进行进度关联模型设置，如图 5-30 所示，从而可以直观地在广联达 BIM5D 中展示进度计划及其执行情况等。

进度计划

导入MSProject　展开至：无　过滤　进度关联模型　清除关联　选中任务模型　前置后置

	名称	关联标志	任务状态	前置任务	计划开始	计划结束	实际开始	实际结束
1	项目施工		延迟开始		2014-1···	2015-0···	2014-1···	
2	基础工程施工		延迟开始		2014-1···	2015-0···	2014-1···	
3	基础施工		延迟开始		2014-1···	2015-0···	2014-1···	
4	基础垫层、防水及防水保护层施工		延迟完成		2014-1···	2014-1···	2014-1···	2014-1···
5	基础底板施工		延迟完成		2014-1···	2014-1···	2014-1···	2014-1···
6	1段基础施工		延迟完成		2014-1···	2014-1···	2014-1···	2014-1···

动画管理　进度计划

图 5-29　进度计划导入 BIM5D 截图

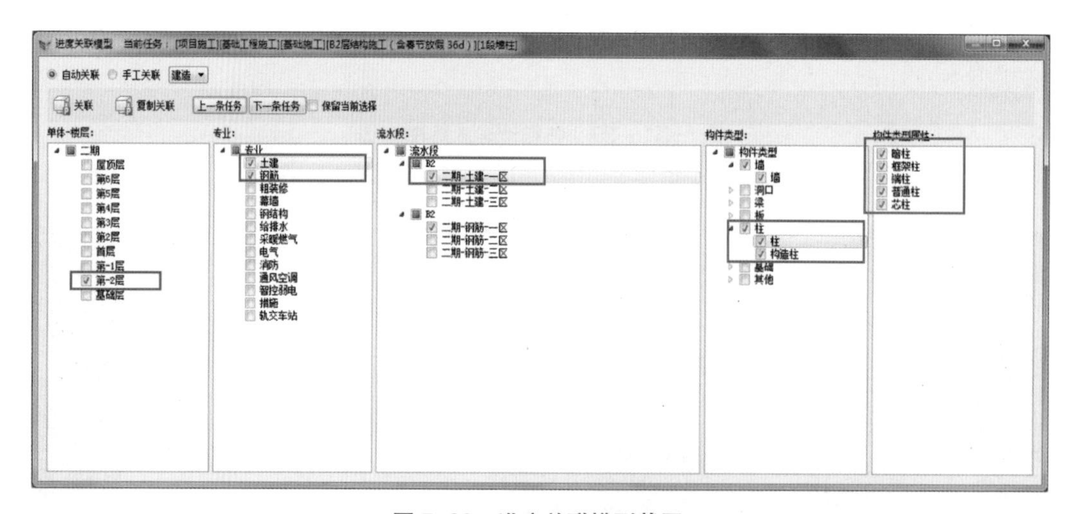

图 5-30　进度关联模型截图

5. 物资投入介绍

在广联达 BIM5D 中，在物资查询功能里，在多专业模型整合后，从时间、进度、楼层、流水段、自定义等维度查看各专业物资需要量，可用物资查询和施工模拟功能直观地展示现场每天的资源需要总量、每种资源每天的需要量或者每个构件的资源量。如图 5-31、图 5-32 所示。

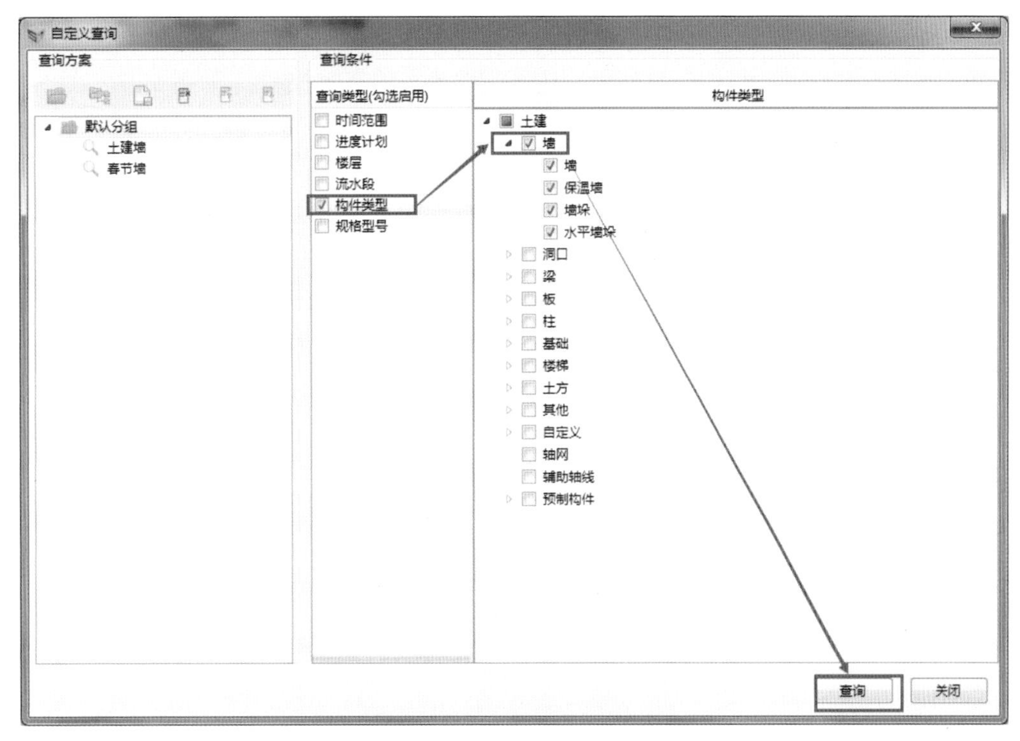

图 5-31　按构件类型查询资源量截图

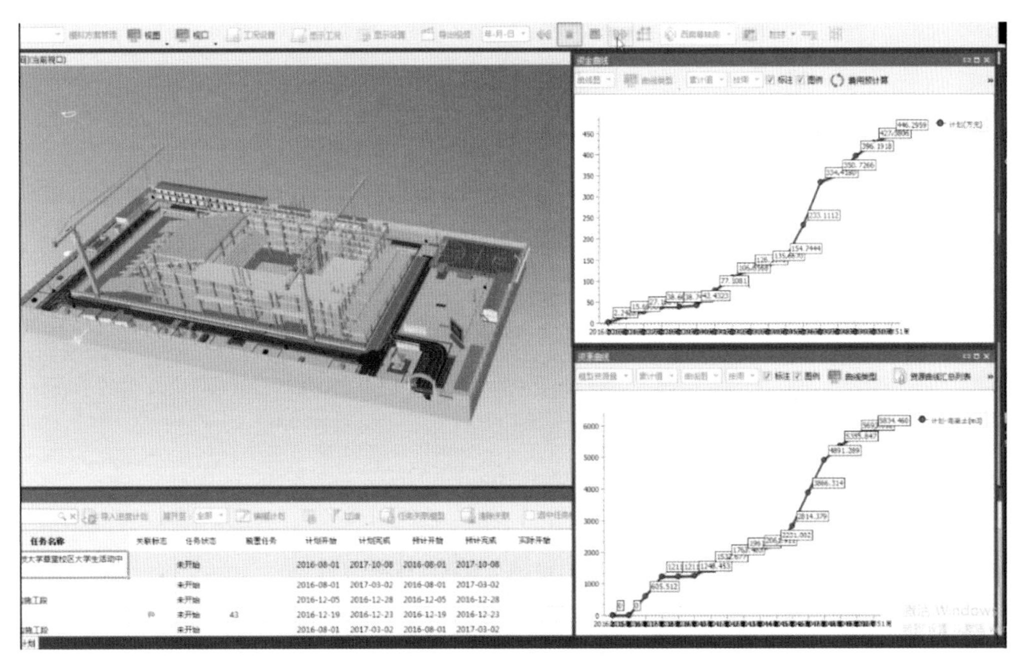

图 5-32　不同时间资源资金需要量截图

6. 三算对比

在广联达 BIM5D 中，可以在合约视图功能里，进行合约规划、清单三算对比和资源三算对比，进行项目的损益分析，从而实现成本的有效控制。 如图 5-33、图 5-34 所示。

	编码	名称	施工范围	合同预算	成本预算	合同金额(万)	合同变更(万)	合同总金额(万)	预算成本金额(万)	实际成本金额(万)	备注
1	01	建筑工程				0		0	0	0	
2	0104	砌筑工程				0		0	0	0	
3	010404	垫层	区域-1-基础层	土建合同预算.GZB4	土建成本预算.GZB4	27.3673	10	37.3673	169.3836	169.3836	
4	0105	混凝土及钢筋...				0		0	0	0	
5	010501	现浇混凝土基础	区域-1-基础层	土建合同预算.GZB4	土建成本预算.GZB4	27.3673		27.3673	169.3836	139.9579	
6	010502	现浇混凝土柱	区域-1-第3层,区域-1-第...	土建合同预算.GZB4	土建成本预算.GZB4	139.4923		139.4923	1216.6052	980.2434	
7	010503	现浇混凝土梁	区域-1-第3层,区域-1-第...	土建合同预算.GZB4	土建成本预算.GZB4	96.345		96.345	574.6185	842.7673	
8	010504	现浇混凝土墙	区域-1-第3层,区域-1-第...	土建合同预算.GZB4	土建成本预算.GZB4	139.4923		139.4923	1216.6052	980.2434	

	清单编号	项目名称	项目特征	单位	中标价 工程量	中标价 单价	中标价 合计	预算成本 工程量	预算成本 单价	预算成本 合计	实际成本 工程量	实际成本 单价	实际成本 合计	盈亏(收入-支出)	节超(预算-支出)	备注
1	010504001001	直形墙	1.混凝土强度等级:C30	m3	0	522.68	0	0.004	522.68	2.09	0.004	522.68	2.09	-2.09	0	
2	010505001001	有梁板	1.混凝土强度等级:c30	m3	0	0	0	3.534	521.41	1842.66	3.534	521.41	1842.66	-1842.66	0	
3	010505001002	有梁板 TL	1.混凝土强度等级:c30	m3	0	0	0	3.534	521.42	1842.7	3.534	521.42	1842.7	-1842.7	0	
4	010501004001	满堂基础	1.混凝土强度等级:C30 P8抗渗	m3	548.938	394.77	216704.25	3914.268	401.26	1570639.18	3914.268	401.26	1570639.18	-1353934.93	0	
5	010503001001	基础梁	1.混凝土强度等级:C30 P8抗渗	m3	93.28	416.51	38852.05	49.078	1461.79	71741.73	49.078	1461.79	71741.73	-32889.68	0	
6	011702005001	基础梁		m2	0	0	0	13.743	19.01	261.25	13.743	19.01	261.25	-261.25	0	
7	010508001001	后浇带	1.混凝土强度等级:C35	m3	27.761	652.6	18116.83	71.745	662.15	47505.95	71.745	662.15	47505.95	-29389.12	0	
8	010505001004	有梁板 TL	1.混凝土强度等级:c25	m3	0	491.29	0	0	0	0	0	0	0	0	0	
1	合计						273673.13			1693835.56			1693835.56	-1420162.43	0	

图 5-33　清单三算对比截图

	编码	名称	施工范围	合同预算	成本预算	合同金额(万)	合同变更(万)	合同总金额(万)	预算成本金额(万)	实际成本金额(万)	备注
1	01	建筑工程				0		0	0	0	
2	0104	砌筑工程				0		0	0	0	
3	010404	垫层	区域-1-基础层	土建合同预算.GZB4	土建成本预算.GZB4	27.3673	10	37.3673	169.3836	169.3836	
4	0105	混凝土及钢筋...				0		0	0	0	
5	010501	现浇混凝土基础	区域-1-基础层	土建合同预算.GZB4	土建成本预算.GZB4	27.3673		27.3673	169.3836	139.9579	
6	010502	现浇混凝土柱	区域-1-第3层,区域-1-第...	土建合同预算.GZB4	土建成本预算.GZB4	139.4923		139.4923	1216.6052	980.2434	
7	010503	现浇混凝土梁	区域-1-第3层,区域-1-第...	土建合同预算.GZB4	土建成本预算.GZB4	96.345		96.345	574.6185	842.7673	
8	010504	现浇混凝土墙	区域-1-第3层,区域-1-第...	土建合同预算.GZB4	土建成本预算.GZB4	139.4923		139.4923	1216.6052	980.2434	
9	010505	现浇混凝土板	区域-1-第3层,区域-1-第...	土建合同预算.GZB4	土建成本预算.GZB4	96.345		96.345	574.6185	842.7673	
10	010508	后浇带	区域-1-第3层,区域-1-第...	土建合同预算.GZB4	土建成本预算.GZB4	256.5038		256.5038	1310501.7768	1310501.7768	

	资源类别	编码	名称	规格型号	单位	中标价 工程量	中标价 单价	中标价 合计	预算成本 工程量	预算成本 单价	预算成本 合计	实际成本 工程量	实际成本 单价	实际成本 合计	盈亏(收入-支出)	节超(预算-支出)
1	材							201603.66			1286192.43			1286192.43	-1084588....	0
2	材	840028	租赁材料费		元	0	0	0	23.32	1	23.32	23.32	1	23.32	-23.32	0
3	材	030001	板方材		m3	0	0	0	0.015	2100	31.5	0.015	2100	31.5	-31.5	0
4	材	840027	摊销材料费		元	0	0	0	18.348	1	18.35	18.348	1	18.35	-18.35	0
5	材	091474	对拉螺栓	M14	m	0	0	0	0.248	10	2.48	0.248	10	2.48	-2.48	0
6	材	400066	快易收口网		m2	96.584	5	482.92	249.608	5	1248.04	249.608	5	1248.04	-765.12	0
7	材	CLFBC	材料费补差		元	0	0	0	-0.28	1	-0.28	-0.28	1	-0.28	0.28	0
8	材	840004	其他材料费		元	4457.117	1	4457.12	26873.219	1	26873.22	26873.219	1	26873.22	-22416.1	0
9	材	020001	水泥	(综合)	kg	246399.905	0.32	78847.97	18829.91	1.03	19394.81	18829.91	1.03	19394.81	59453.16	0
10	材	040025	砂子		kg	417185.024	0.07	29202.95	2542708.2...	0.07	177989.58	2542708.255	0.07	177989.58	-148786.63	0
11	材	040026	石子	(综合)	kg	784829.327	0.07	54938.05	4843446.6...	0.07	339041.27	4843446.655	0.07	339041.27	-284103.22	0
12	材	020001	水泥	(综合)	kg	0	0	0	1501787.0...	0.32	480571.86	1501787.063	0.32	480571.86	-480571.86	0
13	材	040025	砂子		kg	0	0	0	31881.329	1.04	33156.58	31881.329	1.04	33156.58	-33156.58	0
14	材	100321	柴油		kg	0	0	0	0.881	8.98	7.91	0.881	8.98	7.91	-7.91	0
15	材	830075	复合木模板		m2	0	0	0	0.538	30	16.14	0.538	30	16.14	-16.14	0
16	材	C00015	抗渗剂		kg	27377.767	1.23	33674.65	168957.441	1.23	207817.65	168957.441	1.23	207817.65	-174143	0
17	人							24065.59			149957.71			149957.71	-125892.12	0
18	人	RGFBC	人工费补差		元	0	1	0	-0.142	1	-0.14	-0.142	1	-0.14	0.14	0
1	合计							238048.99			1473231.57			1473231.57	-1235182....	0

图 5-34　资源三算对比截图

7. 报表管理

在广联达 BIM5D 中，运用报表管理功能可以实现对施工过程中物资的量、使用部位、采购计划、使用情况、发放情况按模型量及预算量进行查询及管理，为进一步的物资采购提供依据。如图 5-35 所示。

图 5-35　报表截图

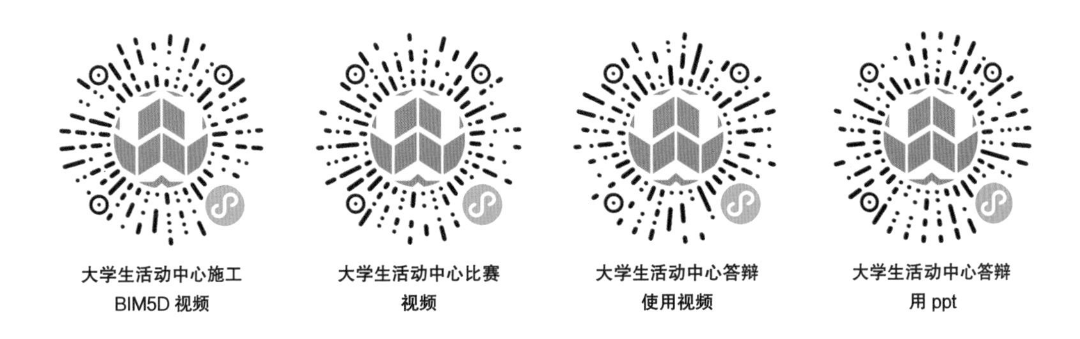

6

BIM 毕业设计成果及评价

6.1 毕业设计成果汇集

6.1.1 毕业设计成果汇集说明

根据西安建筑科技大学毕业生毕业设计（论文）工作管理办法对毕业设计（论文）成果的要求和开发设计类毕业成果的特点，建筑信息化应用毕业设计成果主要包括纸质版毕业设计成果和电子版毕业设计成果两大部分。

纸质版毕业设计成果主要包括基于 BIM 的毕业设计说明书一份，工程进度网络计划图 A1 图纸一张、现场施工布置图 A2 图纸一张和碰撞检查报告一份。其中，毕业设计说明书包括下列各部分：（1）封面；（2）毕业设计任务书；（3）设计总说明（设计类题目）；（4）英文设计总说明；（5）目录；（6）正文；（7）参考文献；（8）附录；（9）致谢。

电子版毕业设计成果主要以刻录光盘的形式体现，其内容主要包括基于 BIM 的毕业设计说明书电子文档一份，Revit 土建模型文件一份，Revit 或 MagiCAD 安装模型文件一份，GTJ2018 二合一算量模型文件一份，GBCB BIM 场布模型文件一份，BIM 模板脚手架模型文件一份，斑马 · 梦龙工程文件一份，Project 工程文件一份，GBQ4.0/GCCP5.0 计价文件一份，广联达 BIM 招投标沙盘执行评测系统编制的招标策划源文件一份，广联达电子招标文件编制工具编制的电子招标文件一份，广联达电子投标文件编制工具编制的电子投标文件一份，Revit 施工模拟动画一部，BIM5D 虚拟建造动画一部，答辩 PPT 及其配套视频一套，以及各个模型不同视角的截图若干张。具体内容详见表 6-1。

毕业设计光盘刻录内容及保存格式表　　表 6-1

文件	软件模型	提交内容	提交文件格式
模型文件	Revit 土建模型	模型文件（1 份）	.rvt/.rar/.zip
		平面模型图片（1 张）	.jpg/.png
		立面模型图片（1 张）	.jpg/.png
		三维模型图片（1 张）	.jpg/.png

续表

文件	软件模型	提交内容	提交文件格式
模型文件	Revit 或 MagiCAD 安装模型	两个模型文件（一个水、一个电）	.dwg/.rvt/.rar/.zip
		平面模型图片（一张水、一张电）	.jpg/.png
		立面模型图片（一张水、一张电）	.jpg/.png
		三维模型图片（3 张）	.jpg/.png
	GTJ2018 钢筋土建算量模型	模型文件（1 份）	.GTJ/.rar/.zip
		平面模型图片（1 张）	.jpg/.png
		立面模型图片（1 张）	.jpg/.png
		三维模型图片（3 张）	.jpg/.png
	GBCB BIM 场布模型	模型文件（3 份，三个阶段各一份）	.GBCB/.rar/.zip
		平面模型图片（1 张）	.jpg/.png
		三维模型图片（3 张）	.jpg/.png
	BIM 模板脚手架软件	模型文件（1 份）	.bjm/.rar/.zip
		节点详图（2 张）	.jpg/.png
		三维模型图片（2 张）	.jpg/.png
管理文件	GBQ4.0/GCCP5.0 基于 BIM 的招标工程量清单及招标控制价文件（土建和安装）	计价文件（1 份）	.GBQ/.rar/.zip
		报表（封 -2、扉 -2、表 -01、表 -04、表 -08、表 -09）（备注：1 份、放在 1 个 Excel 表里即可）	.xlsx/.xls/.csv
		图片（扉页 -2 截图）（1 张）	.jpg/.png
	广联达 BIM 招投标沙盘执行评测系统招标策划文件	工程源文件（1 份）	.san/.rar/.zip
		成果展示图片（2 张）	.jpg/.png
	广联达电子招标文件编制工具电子招标文件	工程源文件（1 份）	.BJZ/.rar/.zip
		PDF 文件（1 份）	.pdf
	广联达电子投标文件编制工具电子投标文件	工程源文件（1 份）	.BJT/.rar/.zip
		投标文件（PDF 格式）	.pdf
		投标函截图（图片格式）	.jpg/.png
计划文件	斑马 · 梦龙网络计划	工程文件（1 份）	.zpet/.pet/.rar/.zip
		工程文件截图 - 双代号时标逻辑网络图（1 张）	.jpg/.png
		工程文件截图 - 横道图（1 张）	.jpg/.png
	Office Project	工程文件（1 份）	.mpp/.rar/.zip
		工程文件截图 - 横道图（1 张）	.jpg/.png
视频文件	Revit 或其他 BIM 相关软件施工模拟动画	Revit 施工模拟动画 1 部（工艺工法方面）	1、视频格式：.MP4/.avi/.flv 2、大小、时长：150MB、5 分钟以内
	BIM5D 虚拟动画	5D 虚拟建造动画 1 部（基于 BIM5D 录制及优化）	1、视频格式：.MP4/.avi/.flv 2、大小、时长：150MB、5 分钟以内
	录屏（剪辑）软件录制答辩 PPT 的配套视频（10 分钟以内）	1、视频内容主要以模型漫游浏览展示为主，并附以对应内容讲解分析，不需要完全对应 PPT 进行讲解，思路架构符合要求即可。 2、备注内容仅供参考，如有更多亮点内容，可扩展展示，前提不可超出 PPT 要求页数及时间限定要求	格式要求：视频格式：.flv/.mp4/.avi 大小、时长：200MB、10 分钟以内

续表

文件	软件模型	提交内容	提交文件格式
虚拟场景文件	Lumion 或 Unity 3D	Lumion 或者 Unity 3D 项目文件	.spr，.sva/.dae，.fbx/.unity 3d packet
PPT文件	基于毕设项目案例编制过程的 PPT（20 页以内，PowerPoint 制作）	项目概况介绍（1～2 页） 团队分工介绍（1～2 页） 实施过程（14 页以内） 1）实施框架； 2）各模块子项目实施成果及技术点； 3）成果展示； 收获感言（1～2 页）	要求： PowerPoint 制作，.pptx/.ppt 格式 大小、页数：15MB、20 张以内
设计说明书	基于 BIM 的毕业设计说明书	毕业设计说明书一份（完整版）	格式要求： 1. Microsoft Office Word 版 1 份； 2. PDF 格式一份

说明：每组同学提交 USB 接口 U 盘一个或光盘一张，将上述文件按照学生姓名分别建立子目录进行保存。目录格式要求如图 6-1 所示。

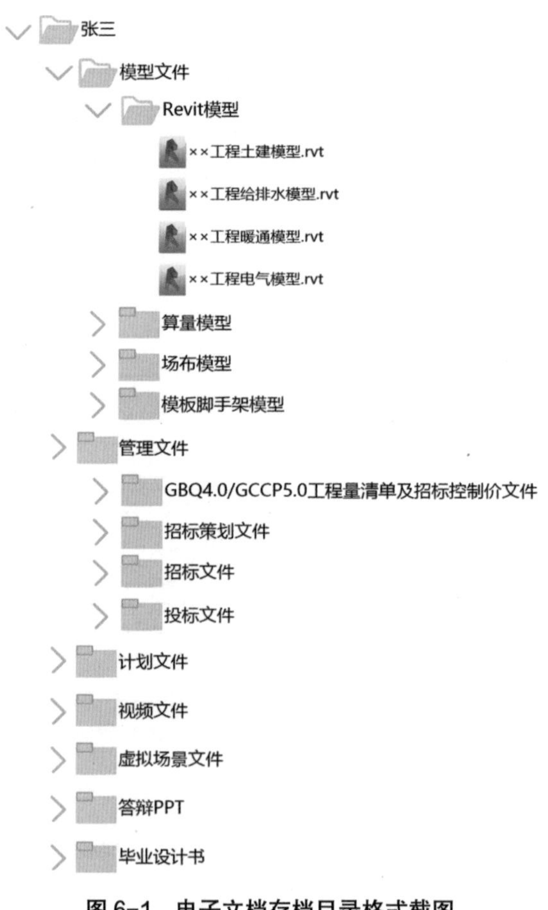

图 6-1　电子文档存档目录格式截图

答辩工作结束后，院（系）应及时将学生毕业设计的成果及相关材料归档，至少应将下列材料装入学校统一提供的“西安建筑科技大学毕业设计档案袋”中：

（1）设计说明书；

（2）毕业设计成绩评定表；

（3）毕业设计答辩记录；

（4）学生提交的 A1 和 A2 号图纸；

（5）刻录有学生电子版毕业设计成果的 U 盘或光盘；

6.1.2 本科增加毕业设计论文指导

根据西安建筑科技大学毕业生毕业设计（论文）工作管理办法对毕业设计（论文）教学任务的安排和落实，院（系）应在第七学期（四年制专业）或第九学期（五年制专业）成立院（系）毕业设计（论文）工作领导小组，安排和落实毕业设计（论文）教学任务，并于毕业设计（论文）开始前将院（系）批准的“西安建筑科技大学毕业设计（论文）教学任务汇总表”报教务处备案。

毕业设计（论文）的题目和任务书应由教研室组织相关教师论证、编写和审核。学生也可自选毕业设计（论文）题目，但应向院（系）提出书面申请，明确设计、研究、开发或创作的目的、内容、实施方案、进度安排和拟提交的成果及形式，其毕业设计（论文）的题目和任务书应由各系组织相关教师论证、编写和审核。

毕业设计任务的下放、布置和落实，由指导教师直接负责。指导教师组织自己的学生明确任务，熟悉图纸组织答疑，制定详细的实施方案，包括毕业设计进度计划的安排，阶段性成果的检查，软件的学习指导，后期的毕设辅导等事宜。

6.2 简述对于毕业设计成果的评价方法及标准

高等院校毕业设计是本科 / 高职教学中最后一个重要的实践教学环节，不仅是对学生综合应用所学理论知识和技能的检验，也是对高校本科 / 高职实践教学质量水平的检验。因此，在对高等院校毕业设计工作进行全过程、全方位监控的同时，坚持客观、公正、严格、统一的原则评价每个学生的毕业设计成果质量显得尤为重要。

建筑工程类毕业设计不同于其他学科专业，其特点是：通常以工程实际或模拟设计为主要研究内容；其主要成果形式并不局限于传统设计中的工程设计图纸、方案等，还包括利用 BIM 系列软件建立的参数化模型和虚拟演示，以及利用广联达 BIM5D 等各种平台软件进行的工程设计分析等。

鉴于此，我们将基于 BIM 的毕业设计分成毕业设计成果报告和毕业设计视频模型两部分进行评分，其中毕业设计成果报告以纸质版的形式存档，占分比例为 70%；毕业设计视频模型以刻录光盘的形式存档，占分比例 30%。具体的评价标准和评分方法如表 6-2 所示。

毕设成果的评价标准和评价方法表 **表 6-2**

<table>
<tr><th>序号</th><th>类别</th><th colspan="2">项目</th><th>评价标准</th><th>评分标准</th><th>分值</th><th>存档形式</th></tr>
<tr><td>1</td><td rowspan="10">毕设成果报告（70%）</td><td colspan="2">毕设选题</td><td>符合工程管理/工程造价专业培养目标；满足专业教学对素质、能力和知识结构的要求；难易适中；工作量饱满</td><td>一项不满足扣 0.5 分，扣完为止</td><td>2</td><td rowspan="10">报告以纸质版的形式存档</td></tr>
<tr><td>2</td><td colspan="2">工程案例</td><td>代表性强；结构齐全；体量合适；难度适中</td><td>一项不满足扣 1 分，扣完为止</td><td>2</td></tr>
<tr><td>3</td><td colspan="2">报告结构</td><td>顺序正确：封面；任务书；中英文设计总说明；目录；正文；参考文献；致谢；附录</td><td>缺一项扣 1 分，扣完为止；顺序错误扣 2 分</td><td>4</td></tr>
<tr><td rowspan="3">4</td><td rowspan="3">格式规范</td><td>封面规范</td><td>格式正确；字体合规；颜色统一</td><td>一项不满足扣 1 分，扣完为止</td><td>2</td></tr>
<tr><td>任务书规范</td><td>格式正确；排版科学；日期、签名已签；内容完整；参考文献年限数量合规</td><td>一项不满足扣 1 分，扣完为止</td><td>2</td></tr>
<tr><td>正文规范</td><td>符合学校对毕设格式要求：页眉页脚；页码；字体、字号；行距；页边距；标点符号；单位、数字；图表、公式编号统一等</td><td>一项不满足扣 1 分，扣完为止</td><td>5</td></tr>
<tr><td>5</td><td colspan="2">报告内容</td><td>内容完整；逻辑严密；计算准确；术语专业；描述、计算与图纸、模型匹配</td><td>内容缺失一项扣 5 分；前后矛盾扣 3 分；计算有误扣 2 分；术语不当扣 2 分；内容与模型不匹配扣 3 分。其他每项不合标准扣 2 分，扣完为止</td><td>26</td></tr>
<tr><td>6</td><td colspan="2">技术方案</td><td>方案完整科学；经济合理；技术可行；措施得当</td><td>方案缺失扣 5 分；工艺流程有误扣 4 分；方案或设备机械选择不经济扣 3 分；措施不完善扣 3 分</td><td>9</td></tr>
<tr><td rowspan="2">7</td><td rowspan="2">成果图纸</td><td>双代号网络图（A1 纸质版）</td><td>逻辑错误扣 3 分；规则不符扣 2 分；其他每项缺失扣 1 分，扣完为止</td><td>逻辑错误扣 3 分；规则不符扣 2 分；其他每项缺失扣 1 分，扣完为止</td><td>5</td></tr>
<tr><td>现场施工布置图（A2 纸质版）</td><td>内容缺失一项扣 2 分，扣完为止；其他每项不合理扣 1 分，扣完为止</td><td>内容缺失一项扣 2 分，扣完为止；其他每项不合理扣 1 分，扣完为止</td><td>5</td></tr>
</table>

续表

<table>
<tr><th>序号</th><th>类别</th><th colspan="2">项目</th><th>评价标准</th><th>评分标准</th><th>分值</th><th>存档形式</th></tr>
<tr><td>8</td><td rowspan="3">毕设成果报告（70%）</td><td colspan="2">优化成果</td><td>碰撞检查报告 1 份</td><td>纸质报告没有得零分；有则得 2 分</td><td>2</td><td rowspan="3">报告以纸质版的形式存档</td></tr>
<tr><td>9</td><td colspan="2">PPT 文件</td><td>答辩 PPT 内容精简全面；主旨醒目；排版合理；颜色统一；时间合理</td><td>每项不合规定扣 1 分，扣完为止</td><td>4</td></tr>
<tr><td>10</td><td colspan="2">指标体系</td><td>劳动力指标、材料用量指标、机械利用率、经济指标等科学合理，符合常规</td><td>每项不合规定扣 1 分，扣完为止</td><td>2</td></tr>
<tr><td rowspan="5">11</td><td rowspan="11">毕设视频模型（30%）</td><td rowspan="5">模型文件</td><td>Revit 土建模型</td><td>模型文件 1 份；平立面和三维图片各 1 张</td><td>模型文件 2 分；图片共 2 分，少一张扣 1 分，扣完为止</td><td>4</td><td rowspan="11">视频模型以光盘形式存档</td></tr>
<tr><td>Revit 或 Magicad 安装模型</td><td>模型文件 2 份（水和电）；平立面和三维图片各 2 张</td><td>模型文件与图片每少一张扣 1 分，扣完为止</td><td>3</td></tr>
<tr><td>GTJ2018 二合一算量模型</td><td>模型文件 1 份；平立面和三维图片各 1 张</td><td>模型文件 3 分；图片共 2 分，少一张扣 1 分，扣完为止</td><td>5</td></tr>
<tr><td>GBCB BIM 场布模型</td><td>模型文件 3 份（基础、主体、装修 3 个阶段）；平面图 1 张；三维图片 3 张</td><td>模型文件与图片每少一张扣 1 分，扣完为止</td><td>3</td></tr>
<tr><td>BIM 模板脚手架软件</td><td>模型文件 1 份；节点详图 2 张（模板、脚手架各 1 张）；三维图片 2 张</td><td>模型文件与图片每少一张扣 1 分，扣完为止</td><td>3</td></tr>
<tr><td rowspan="2">12</td><td rowspan="2">计划文件</td><td>斑马·梦龙网络计划</td><td>ZPET 工程文件 1 份；时标网络截图 1 张；横道截图 1 张；</td><td rowspan="2">工程文件或图片每少一份扣 1 分，扣完为止（含斑马·梦龙和 project）</td><td rowspan="2">4</td></tr>
<tr><td>Office Project</td><td>MPP 工程文件 1 分；横道图截图 1 张</td></tr>
<tr><td rowspan="3">13</td><td rowspan="3">视频文件</td><td>Revit 或其他 BIM 相关软件施工模拟动画</td><td>5 分钟以内；过程完整；工艺正确</td><td>每错一项扣 2 分，扣完为止</td><td>3</td></tr>
<tr><td>BIM5D 虚拟建造动画</td><td>10 分钟以内；建造过程完整；有对应的资金资源变动过程；流水段、工艺流程、构件关系体现正确</td><td>每错或漏一项均扣 1 分，扣完为止</td><td>3</td></tr>
<tr><td>答辩 PPT 的配套视频</td><td>10 分钟以内；项目介绍；团队介绍；方案介绍；模型介绍，体现工具；细部展现等</td><td>每缺一项扣 1 分，扣完为止</td><td>2</td></tr>
<tr><td>14</td><td colspan="2">BIM 软件</td><td>Revit，Magicad，Navisworks，Lumion，Fuzor，Dynamo，Project，广联达 GTJ2018，广联达 GQI2017，广联达 BIM5D，广联达场布软件，斑马·梦龙软件，VR+AR，视频编辑软件等</td><td>软件使用超过 6 种以上，每多一项加 1 分。总加分不超过 5 分</td><td>附加 5 分</td></tr>
</table>

基于表 6-2 的评价标准和评分方法，学生毕业设计的最终成绩由指导教师、评阅教师、答辩小组的评定成绩综合确定。上述三项的评定成绩均应按百分制计，学生毕业设计的最终成绩可按 50%、20%、30% 的权重取上述三项评定成绩的加权平均值，并换算为五级分制的成绩，即优（90 ~ 100 分）、良（80 ~ 89 分）、中（70 ~ 79 分）、及格（60 ~ 69 分）或不及格（<60 分）。

6.3 毕业设计答辩

根据西安建筑科技大学毕业生毕业设计（论文）工作管理办法对毕业设计（论文）答辩的规定，院（系）应在答辩前成立各专业的答辩委员会，在各答辩委员会下设立一定数量的答辩小组，安排、落实和执行毕业设计答辩任务。

院（系）应在毕业设计答辩活动全面开展之前举行各专业的典型答辩，组织全体答辩教师和学生旁听，示范答辩的程序、方式和要求。

每位学生在答辩时应向答辩小组展示应提交的全部毕业设计成果，陈述毕业设计的任务、主要过程和最终成果，并正面回答答辩教师的提问。

答辩教师应认真审核学生提交的全部毕业设计成果，听取学生的陈述，向学生提问，全面考察学生提交的成果以及学生的知识水平、实践能力和综合素质。

答辩小组应及时记录学生答辩的主要过程，在答辩结束后以集体方式客观、公正地评定学生的答辩成绩。

7 BIM毕业设计优秀案例展示

7.1 徐州建筑职业技术学院图书馆项目

（河北工程大学 BIM 毕业设计案例展示）

7.1.1 工程案例简介

1. 工程概况及建设背景

本工程为徐州建筑职业技术学院图书馆项目，该图书馆位于徐州职业技术学院西校区中心，是该校区标志性建筑。建筑面积 27896m^2，占地面积 8993m^2，建筑高度 28.1m，结构类型为混凝土框架结构，局部为钢结构，基础类型为独立基础和条形基础，建筑外立面为玻璃幕墙与石材幕墙。

该图书馆建筑设计独特，设计理念是开放式、多功能、人文化。一方面为了给学校提供休闲与学术交流的开放空间，在建设时将底层架空，形成连接校园东西方向的内街。街道两侧布置对外服务和学术交流设施，北侧的临水平台，营造了宜人的亲水空间。另一方面为使图书馆的外部形态与周边环境融合协调，在规则的正交柱网下，利用混凝土斜撑，层层错动，灵动多变的建筑界面，使内部空间产生的更多景观浏览区。

2. 图纸选取原则

在选择图纸时选择体量大、结构异形、建筑形式新颖的建筑。

7.1.2 团队成员分工及进度安排

1. 团队成员及分工

本团队由两名指导老师及五名学生组成。两位指导老师来自工程管理专业，在工程造价、土建安装建模、施工管理等专业方面具有丰富的教学经验，能够为本次 BIM 毕业设计大赛涉及的相应模块提供专业指导。主要负责前期图纸的选择，学生任务分工以及指导解决各阶段学生遇到的问题。五位参赛学生均来自工程管理专业，在选拔学生时，兼顾工程造价与工程技术两方面，因此其中三名同学主要负责土建与安装模型的建立，其余两名同学主要负责算量与造价等。具体分工如下：

杨　晔：负责 Revit 建模、PPT 制作、后期视频录制；

安腾越：负责 MagiCAD 建模、PPT 制作、后期视频录制；

李伟争：负责 MagiCAD 建模 、GBQ 安装招标控制价文件编制；

石苗苗：负责 GGJ、GCL、GBQ 土建招标控制价文件编制；

刘　帅：负责 GQI、GBQ 安装招标控制价文件编制。

2. 项目任务进度计划关键节点安排

根据学生的任务分工及阶段要求，老师在每个阶段结束后要求学生进行阶段总结，将这一阶段遇到的问题、解决方法及收获成果以 PPT 形式向大家进行展示交流，并能够回答老师在中期检查时提出的问题，积累经验，为下一阶段做好准备。

本项目任务总体分为三个阶段，第一阶段：模型建立与优化，应用的软件有 Revit、MagiCAD。第二阶段：工程算量，应用的软件有 GCL、GGJ、GQI。第三阶段：套价与指标分析、施工组织设计编写，应用的软件有斑马·梦龙网络计划、GBQ、三维场布、广联达指标神器。各个软件间的联系如图 7-1 所示。

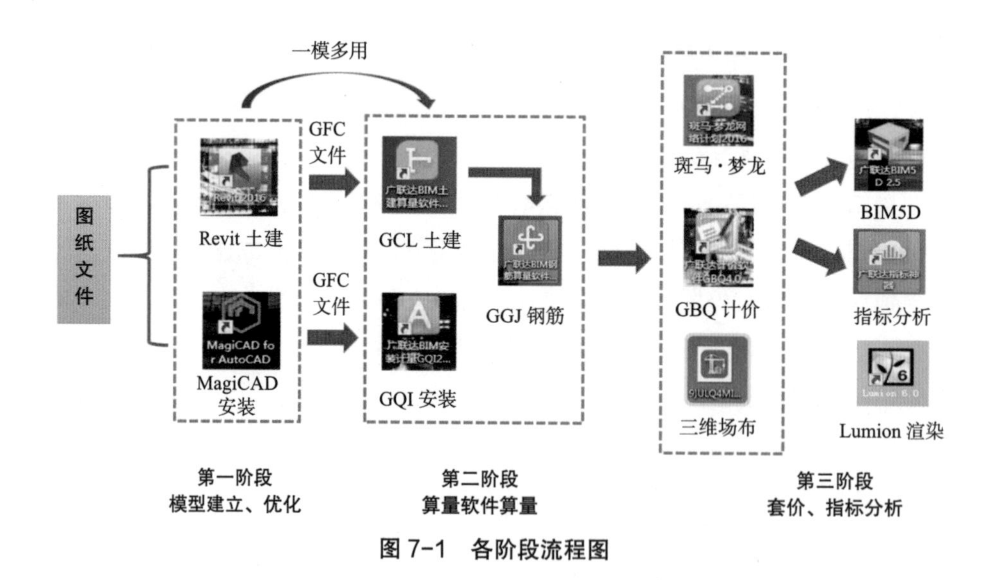

图 7-1　各阶段流程图

在时间安排上，同样分为三个阶段，每个阶段完成不同的任务：

（1）第一阶段（3.15 ~ 4.15）：Revit 建模、Magicad 建模。

（2）第二阶段（4.16 ~ 5.15）：通过插件将建立的土建与安装模型导入 GGL、GQI、GGJ 算量软件中，并完善模型。

（3）第三阶段（5.16 ~ 6.15）：GBQ 得出工程造价、招标文件编制、指标分析、三维场布、BIM-5D、Lumion 渲染动画、PPT 制作等。

7.1.3 项目实施过程简介

1. 工程案例特点及难点分析

（1）建筑设计新颖

内外空间共融：层层环抱相连，不同区域通过共融空间形成统一开放的整体。

窗台挑檐独特：用于种植，满足绿色节能设计要求。

增设内聚式中庭：增强建筑内部通风和采光效果。

（2）建筑功能全面

楼梯设计独特：梯段处设置了座位，满足了师生的阅读习惯，增加了中庭的空间使用效率。

邻水台设计：营造了怡人的亲水空间，为师生提供了休闲与学术交流的开放场所。

（3）结构形式复杂

开间尺寸大，井字梁布置密集，满足图书馆大跨度空间使用需求。大量悬挑板，且设有异形斜柱。

（4）基础标高多变

位于山麓斜坡地带，地势高差变化大，基础的埋置深度和标高随之变化较大，不同基础的个体结构特征差异明显。

2. 工程阶段性难点解决方案

（1）在第一阶段建立土建与安装模型时，在识图方面遇到很多问题，如：斜柱如何识图、挑檐标高如何确定等，通过询问老师得到解决。还有些问题是图纸出现错误，需要结合老师的经验与实际工程情况解决。

（2）在利用 Revit 建模时，本工程的窗台挑檐结构独特，需在轮廓族中进行制作，然后载入楼板边缘进行绘制。本工程在设计方面楼层与楼层间相互交错，通过异形斜柱连接，先将起点定位到斜柱底层，再通过审图确定斜柱顶部的位置。本工程处于山麓斜坡地带，地势高低变化明显，通过设置地形表面各个放置点的标高准确展现起伏变化。

（3）在利用 MagiCAD 建立安装水系统模型时，消防管道与其他管道之间及自身之间，紧密排列，安装高度相近，造成大量管道避让问题，建模时需要不断地修改避让，避免碰撞。建立电系统安装模型时，相邻电气设备间的连接，需沿墙敷设进入吊顶内，在吊顶内水平连接，而不能直接连接。

（4）根据大赛要求并结合老师建议采用一模多用的方法，将建立好的 Revit 土建模型导入 GCL 算量软件，最后再导入 GGJ 算量软件。在 Revit 模型导入 GCL 过程中遇到以下问题：

问题一：楼层错位，我们的解决方法是手动修改楼层标高。如图 7-2 所示。

	楼层序号	名称	层高(m)	首层	底标高(m)
1	16	消防水泵房	3.000	☐	27.900
2	15	屋顶钢结构	0.600	☐	27.300
3	14	屋顶	4.000	☐	23.300
4	13	F5	4.600	☐	18.700
5	12	CF5	0.200	☐	18.500
6	11	F4	4.400	☐	14.100
7	10	CF4	0.100	☐	14.000
8	9	F3	4.400	☐	9.600
9	8	CF3	0.100	☐	9.500
10	7	5.55	3.950	☐	5.550
11	6	F2	0.450	☐	5.100
12	5	CF2	0.100	☐	5.000
13	4	3.9	1.100	☐	3.900
14	3	2.6	1.300	☐	2.600
15	2	1.3	1.300	☐	1.300
16	1	F1	1.300	☑	0.000
17	-1	CF1	0.100	☐	-0.100
18	-2	室外地坪	0.100	☐	-0.200
19	-3	设备管廊	1.900	☐	-2.100
20	-4	防水板1	1.300	☐	-3.400
21	-5	B1	0.800	☐	-4.200
22	-6	防水板2	0.100	☐	-4.300
23	0	基础层	3.000		-7.300

图 7-2　手动修改楼层标高

问题二：构件缺失和错位，我们采取删除错位构件，补全缺失构件的方法来解决。如图 7-3 所示。

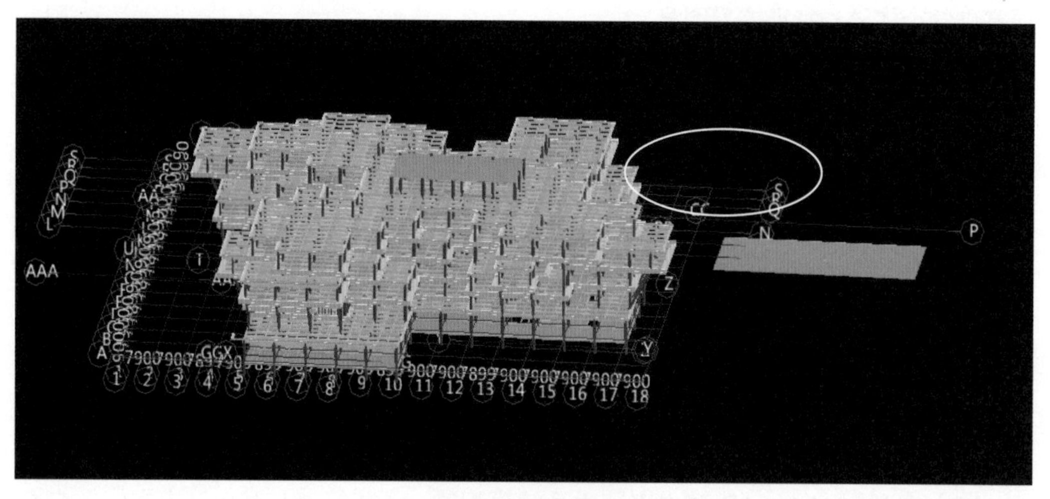

图 7-3　构件缺失

在 GCL 模型完善之后，我们将其导入 GGJ 中，根据力的传递方向，先添加柱的钢筋信息，进而对框架梁、井字梁、板等添加钢筋信息。在导入过程中，由于建筑物的结构特点，钢筋算量软件不能识别斜柱和异形挑檐，导致构件全部缺失。解决方法为：对于斜柱，我们采用斜梁来进行绘制，如图 7-4 所示。

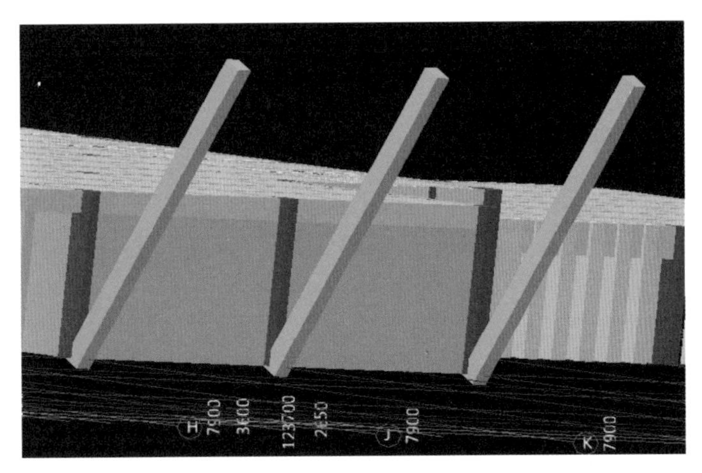

图 7-4 绘制斜柱

对于异形挑檐，我们采取自定义线的方式进行绘制，如图 7-5 所示。

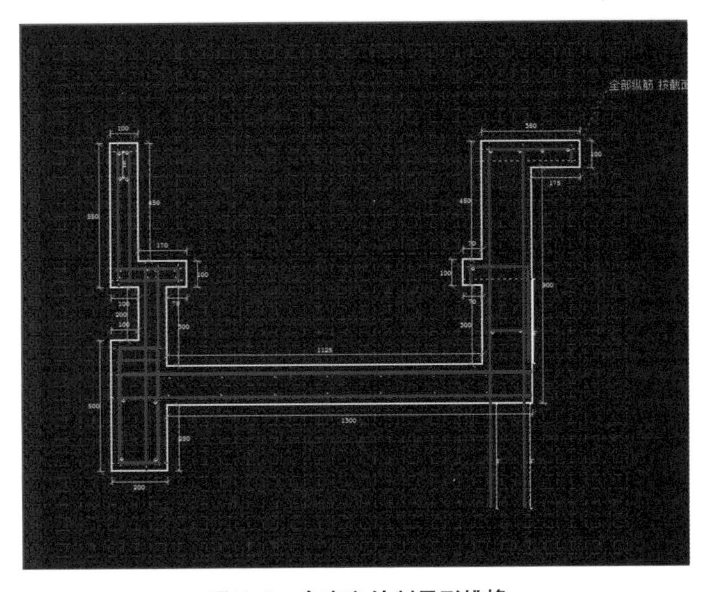

图 7-5 自定义绘制异形挑檐

（5）在最后进行招标文件编制与造价指标分析时，由于对软件及编制要求不熟悉，通过老师的指导，查阅招投标资料以及观看建筑课堂相关视频得以解决。

3. 项目实施经验总结

（1）前期做好团队及阶段任务分工，根据任务指导书制定具体实施计划。

（2）利用一模多用，节省建模时间，但要注意模型导入后模型、数据的准确性。

（3）保证算量及造价结果的准确合理性。

通过本次毕业设计，培养了学生基于 BIM 的全过程项目管理能力，使学生以自己为主体从识图、建模、套价等过程全程参与，复习巩固了专业知识，培养独立思考与解决实际工程问题的能力。

7.1.4 工程成果展示

1. 阶段性成果展示

（1）第一阶段（建筑、机电模型建模），如图 7-6 ~ 图 7-11 所示。

图 7-6 建筑立面图

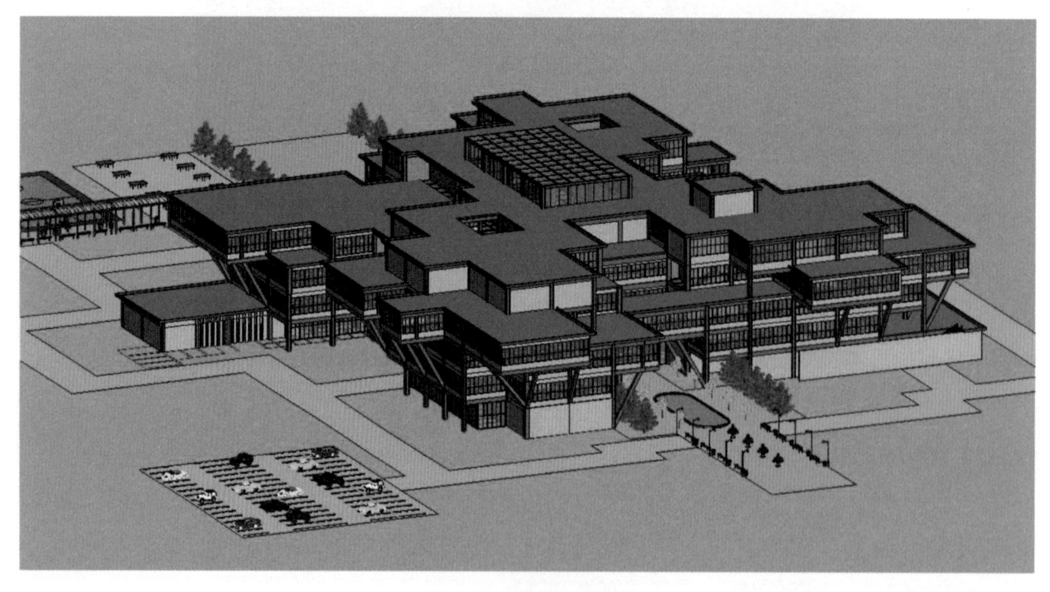

图 7-7 建筑三维图

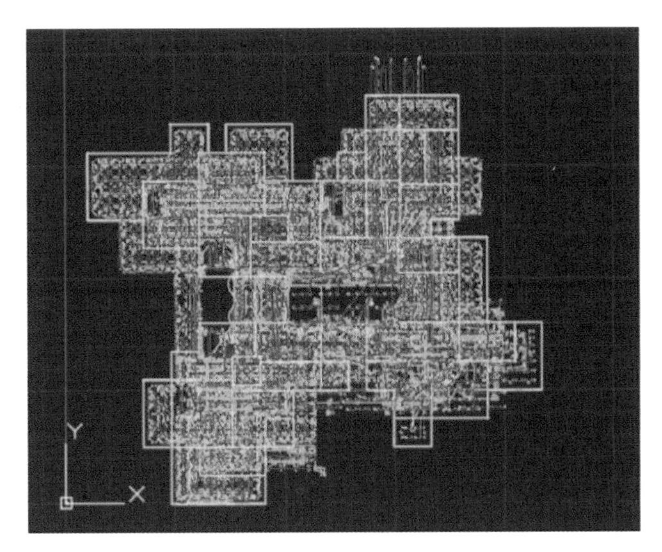

图 7-8 电气系统平面图

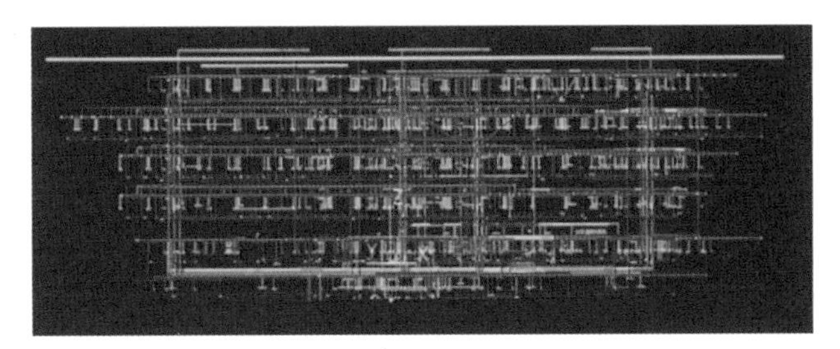

图 7-9 电气系统三维图

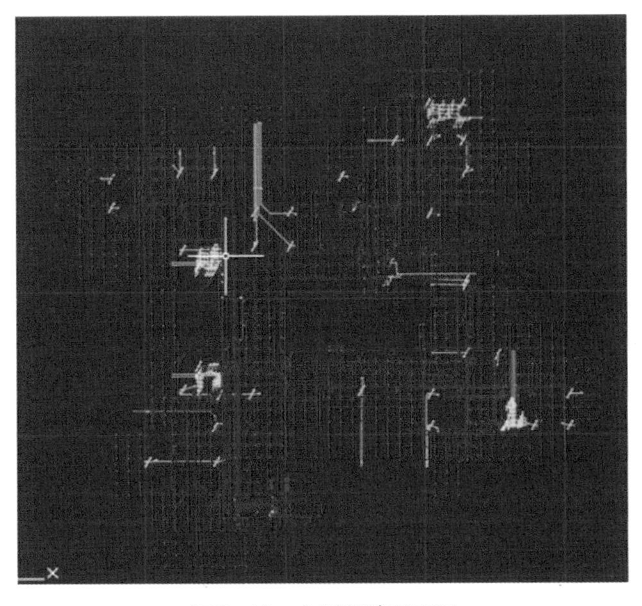

图 7-10 水暖系统平面图

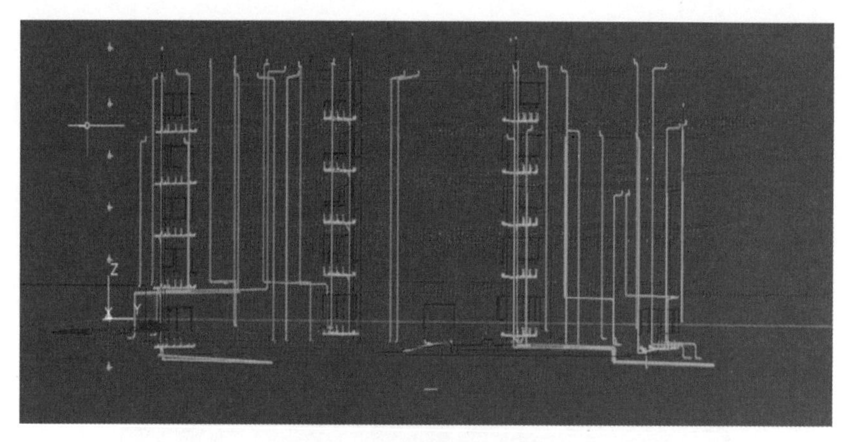

图 7-11　水暖系统三维图

（2）第二阶段（BIM 算量模型建模），如图 7-12、图 7-13 所示。

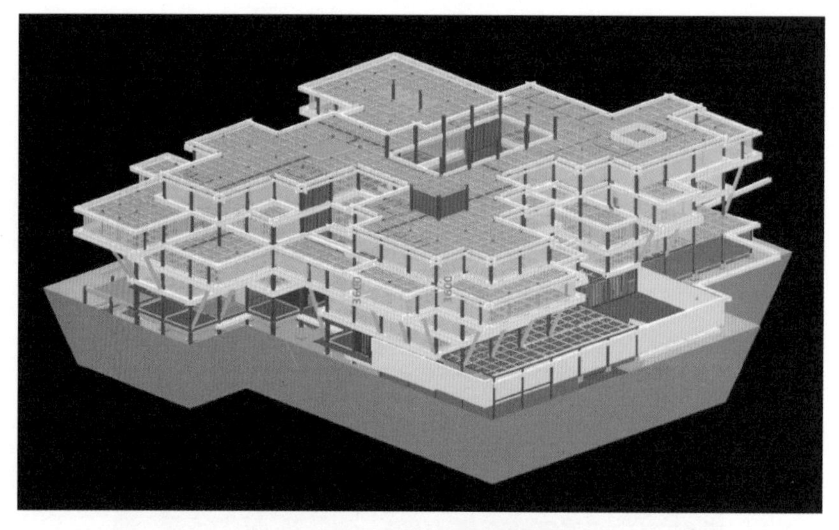

图 7-12　BIM 土建算量模型

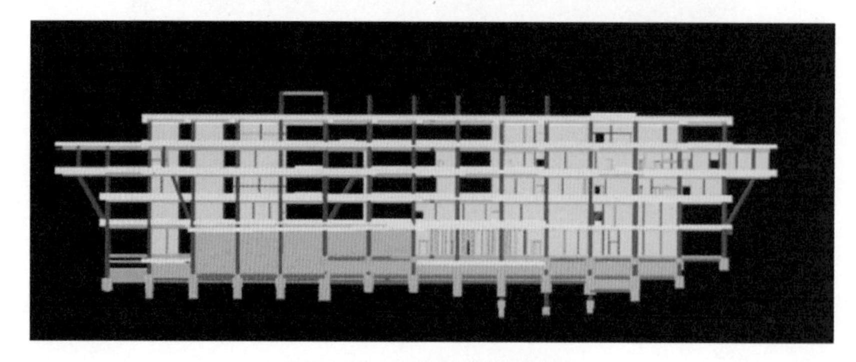

图 7-13　BIM 钢筋算量模型

（3）第三阶段（BIM 造价管理、BIM 技术标），如图 7-14 ~ 图 7-16 所示。

工程造价指标表-建安

序号	费用名称	造价（元）	造价比例（%）		造价指标（元/m²）
			占总造价	占专业造价	
建筑工程					
	工程造价	74528203.61	100	100	74528203.61
1	分部分项工程费	56220591.42	75.44	75.44	56220591.42
1.1	人工费	14611236.04	19.6	19.6	14611236.04
1.2	材料费	31489676.84	42.25	42.25	31489676.84
1.2.1	其中：材料费	31489676.84	42.25	42.25	31489676.84
1.2.2	主材费				
1.3	机械费	6160538.43	8.27	8.27	6160538.43
1.4	管理费	2292272.64	3.08	3.08	2292272.64
1.5	利润	1668588.22	2.24	2.24	1668588.22
2	措施项目费	12047137.8	16.16	16.16	12047137.8
3	其他项目费				
4	规费	3754114.24	5.04	5.04	3754114.24
5	税金	2506360.15	3.36	3.36	2506360.15

图 7-14 土建造价指标

主要消耗量指标表-建安

序号	名称	单位	消耗量			消耗量指标（-/m²）		
			总量	地下	地上	总体消耗量	地上消耗量	地下消耗量
建筑工程								
1	人工	工日	239811.2049			239811.2		
2	水泥	t	8062.5543			8062.55		
3	砂	t	14101.3752			14101.38		
4	石子	t	27900.6982			27900.7		
5	钢筋	t	2613.956159 9			2613.96		
6	商品混凝土	m3						
7	砌体	千块	66.0523			66.05		
8	木材	m3	136.0416			136.04		
9	屋面瓦	m2						
10	保温板	m3						
11	防水卷材	m2	36717.3589			36717.36		
12	地砖	m2						
13	墙砖	m2						
14	吊顶龙骨	m2						
15	装饰板	m2						
16	门	m2						
17	窗	m2						
18	其他	m2						

图 7-15 土建消耗量指标

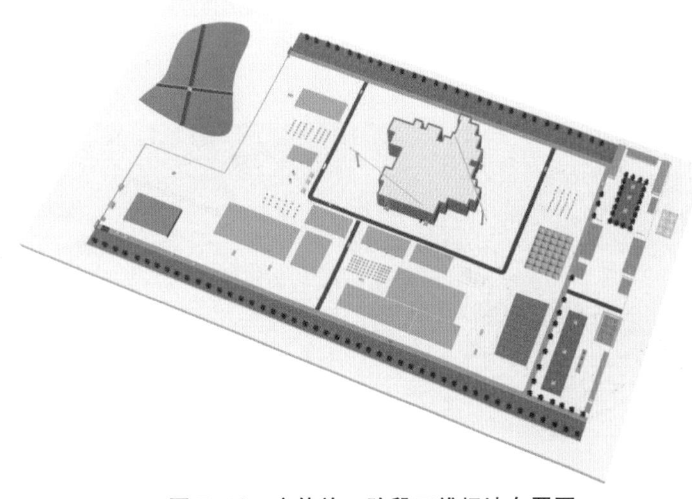

图 7-16 主体施工阶段三维场地布置图

2. 典型、关键部位成果展示

典型、关键部位成果展示如图 7-17 ~ 图 7-21 所示。

图 7-17　异性斜柱

图 7-18　窗台挑檐

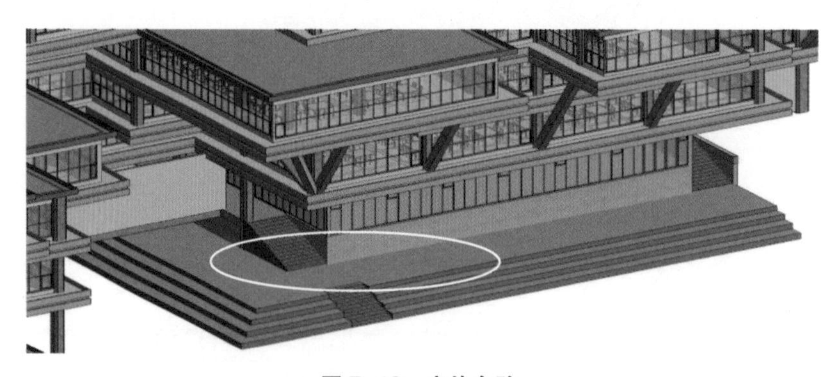

图 7-19　室外台阶

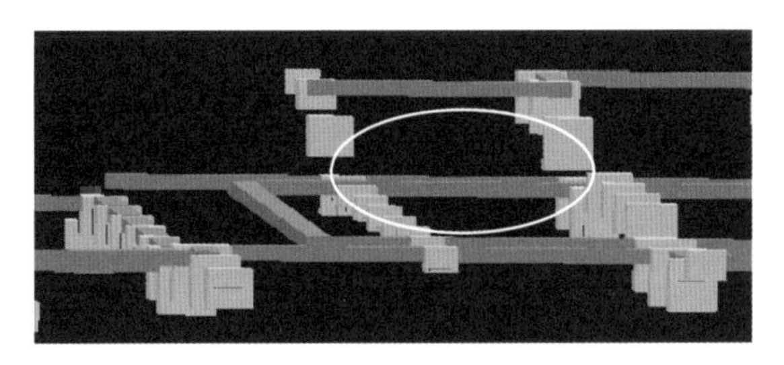

图7-20 基础标高多变

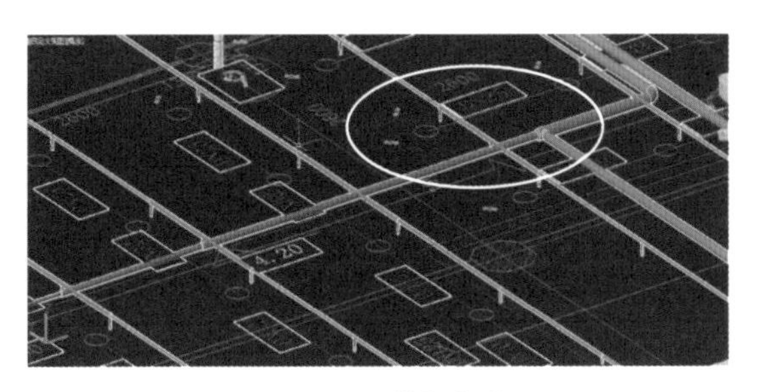

图7-21 管径多变

3. 工程成果展示视频

（1）核心成果展示视频。

（2）成果展示视频。

徐州建筑职业技术学院
图书馆项目核心成果展示

徐州建筑职业技术学院
图书馆项目成果展示视频

7.2 合浦丰信花园项目BIM综合应用

（西安科技大学BIM毕业设计案例展示）

7.2.1 工程案例简介

1. 工程概况

本工程位于广西壮族自治区北海市合浦县旧合北路与广东南路交汇处，本项目包含三栋单体建筑，下设一层地下室，总建筑面积约 3.9 万 m^2。对于这种大型工程，地下结构比较复杂，机电设备和管线众多，建模难度较大。

建筑性质：住宅、商场、车库。

建筑类别：一类高层建筑。

建筑结构形式：框架剪力墙结构。

设计使用年限：50 年。

抗震设防烈度：6 度。

耐火等级：一级。

地下车库防火分类：Ⅲ类。

2. 图纸选取原则及获取途径介绍

本次 BIM 毕业设计竞赛选择了“BIM 建模”模块，选取图纸时结合学生自身所学专业和团队特长，主要以大型房建项目为选择目标，包括一整套的建筑、结构、机电施工图纸。

图纸获取途径是向指导老师求助，由指导老师给定。

7.2.2 团队成员分工及进度安排

1. 团队成员及分工

（1）指导老师：

曹萍：教授，博士，英国皇家特许建造师（MCIOB）。现为西安科技大学建筑与土木工程学院结构工程学科带头人，陕西省土木建筑学会理事。

李春燕，副教授，博士，现为西安科技大学建筑与土木工程学院专任教师，主要研究方向为房屋建筑学。

（2）团队成员：

李梁栋：负责 Revit 结构、机电建模、管综优化。

李世杰：负责 Revit 建筑建模、三维场布设计。

杨宇沫：负责结构、机电碰撞检查，生成检查报告。

何亦琳：负责模型渲染、3D 漫游制作。

杨惠媛：负责资料整理、PPT 制作、视频录制。

2. 项目任务进度计划关键节点安排

项目实施流程详见图 7-22。

（1）先在 Revit 中进行建筑、结构、机电模型创建。

（2）在 Navisworks 中进行结构和管线、管线和管线之间的碰撞检查，根据检查报告进行管综优化。

（3）将结构模型导入广联达三维场布软件中进行三维场布设计。

（4）将建筑、结构、机电模型分别导入 Lumion 和 Fuzor 中进行漫游、动画的制作。

（5）最后进行全过程讲解视频录制、PPT 制作。

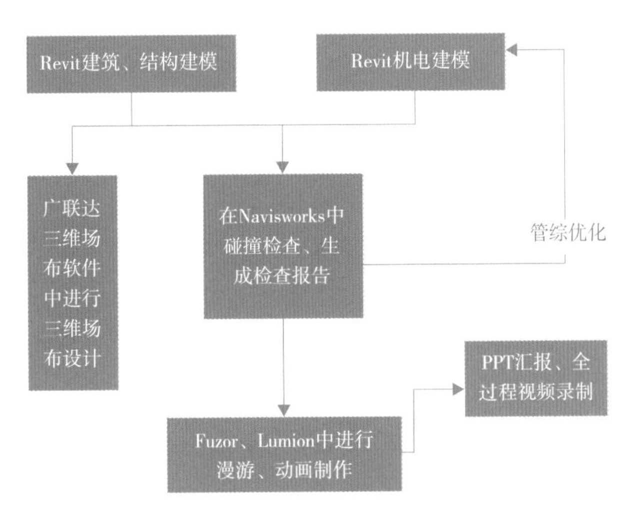

图 7-22 项目实施流程

7.2.3 项目实施过程简介

1. 工程案例特点及难点分析

（1）Revit 建筑、结构建模

Revit 建筑建模：由于本项目建筑面积较大，随着模型的搭建，软件运行速率降低，电脑经常出现卡顿现象，严重影响建模效率。经过合理划分，将模型分为地下车库和地上部分分段建模，最终将建立的模型链接整合成整体。

Revit 结构建模：由于本项目体量大，地上地下结构复杂，框架梁、连梁、剪力墙等构件类型较多。为提高模型精度，在结构建模过程中逐个定义不同构件，过程较为烦琐。

Revit 建筑、结构建模难点：

难点 1：建筑模型中门窗类型多、异形构件多，导致建族量较大。

难点 2：地下结构复杂，有筏板基础、独立基础两种类型，后浇带、截水沟等复杂结构多，一些复杂节点部位识图较为困难，且图纸上也有不少信息缺失。

（2）Revit 机电建模

机电建模最为复杂，我们将模型分为地下和地上两部分，并按照给水排水、消防、暖通、电气的顺序建模，并导入 Navisworks 进行管线、结构碰撞检查，根据碰撞检查结果将结构模型和机电模型链接起来进行调整优化。

Revit 机电建模难点：

难点 1：机电图纸写块后插入 Revit 软件中有大量的信息缺失，给建模造成极大困难。

难点 2：给水排水、消防、暖通、电气等专业交织在一起，管综调整过程中可谓是牵一发而动全身，且碰撞翻弯较多。

（3）三维场布设计难点

作为在校学生，缺乏足够的施工现场管理知识，对现场各功能分区的位置、面积、相关辅助设施的规定了解不够，对整个设计过程带来极大的挑战。

2. 工程阶段性难点解决方案

（1）Revit 建筑、结构建模难点解决方案

难点 1 解决方案：根据图纸中的门窗类型先在软件自带族库中查找类似的门窗，形状差异较大的在自带族的基础上重新进行属性编辑。

难点 2 解决方案：通过向设计人员请教、团队成员相互讨论、在网上查询相关专业知识等手段，最终克服了图纸识图和图纸信息不全的困难。

合浦丰信花园项目建筑模型漫游

（2）Revit 机电建模难点解决方案

难点 1 解决方案：通过向专业人员请教，先将机电图纸用天正暖通软件打开，另存为 T3 格式，重新写块插入 Revit。

难点 2 解决方案：在优化过程中我们先调整干管的水平位置和高程，使各专业干管之间、干管和结构之间无碰撞，再在机电模型中插入多个剖面框，通过剖面去调整支管之间的碰撞。

合浦丰信花园项目管综漫游

（3）三维场布设计难点解决方案

我们采用广联达场布软件进行了三维场布设计。根据施工现场布置规范和指导老师的悉心指导，把施工现场分为施工区、生活区、办公区。在施工现场周围设置了围挡，进行封闭式管理，在出入口处设置了“五牌一图”，构件加工棚、材料堆场等布置均符合规范要求。

合浦丰信花园项目场布漫游

3. 项目实施经验总结

（1）通过本次大赛，团队成员之间的相互团结是最重要的，从一开始拿到图纸团队每个人都分配了不同的任务，每个队员分配到的任务量可能各不相同、有的队员可能分配到的任务并不是自己想要学习的，作为队长要做好协调工作，处理好队员之间的关系，通过所有队员的相互包容、合作最终才能较好地完成作品。

（2）作为队长要有强烈的责任感和奉献精神，这是顺利完成大赛作品的必要条件。在项目开始时大家可能都信心满满，随着项目的进行就会发现存在很多困难，诸如：图纸信息不全、软件操作困难、专业知识欠缺、队员之间意见分歧等。队长要起到带头作用，不断给队员树立信心，不断鼓励队员，带领所有队员努力坚持下去。

（3）在项目初期就应该让所有队员针对自己分到的模块先去学习相关软件操作，前面的模型做完之后，后续工作要紧密衔接上，千万不能有等前面做模型的队员模型完成后再去学习后续软件的想法，这样容易导致后期时间紧张，不能按时完成作品。

7.2.4 工程成果展示

1. 典型、关键部位成果展示

典型、关键部位成果展示见图 7-23 ~ 图 7-26。

图 7-23　建筑三维模型

图 7-24　机电三维模型

图 7-25 管综优化

图 7-26 三维场布设计

2. 工程成果展示视频

（1）核心成果展示视频。

（2）BIM 毕业设计答辩 PPT 展示。

合浦丰信花园项目全过程核心成果展示视频

合浦丰信花园项目答辩 PPT

7.3 武汉光谷智能产业园 1 号活动中心

（湖北经济学院 BIM 毕业设计案例展示）

7.3.1 工程案例简介

1. 工程概况及建设背景

（1）工程概况

武汉光谷智能产业园 1 号活动中心位于武汉市东湖技术开发区的 1 号活动中心。本建筑物为多层综合楼项目，包含餐饮、活动和体育设施。建筑类型为框架 - 剪力墙结构。地上四层，局部地下一层。建筑高度：23.95m；抗震设防烈度：6 度。总建筑面积：17088.51m^2。其中地上建筑面积：16650.79m^2，地下建筑面积：437.72m^2。

项目采用了独立基础和筏板基础相结合的基础类型，其中独立基础数量多，不同筏板基础间均有高差、变截面布置。屋顶造型复杂，采用平屋顶和拱形屋顶相结合的屋面形式，并用钢结构进行支撑，为后续施工与建模增加了一定难度。该项目构造复杂，每层平面图的信息不完全相同，无标准层，建筑长度 88.2m，因此设置多道变形缝、伸缩缝及后浇带。

（2）建设背景

武汉华星光电技术有限公司基于发展需要，在湖北省武汉市东湖新技术开发区左岭光谷智能制造产业园建立第 6 代低温多晶硅（LTPS）、氧化物（OXIDE）等产品产业园，为弥补周边配套设施不足的问题，公司决定建立 1 号活动中心，用以满足员工餐饮、社交活动以及体育锻炼的需要。

2. 图纸选取原则及获取途径介绍

（1）图纸选取原则

开始 BIM 毕业设计之前，我们仔细研读大赛的任务指导书，得知赛事要求：工程体量在 5000m^2 以上。然后结合自身实力以及所能找到的图纸，最后敲定选用武汉光谷智能产业园 1 号活动中心案例，该项目建筑体量 17088.51m^2，且项目存在以下四个难点：

①异型构件较多，需大量自建族；

②屋顶造型复杂，在 Revit 当中需采用体量建模；

③屋面构造复杂，采用钢结构支撑，识图与建模难度大；

④工程体量大，安装图纸复杂，识图难度高，导致建模难度大。

该项目特点完全符合 BIM 毕业设计竞赛的要求以及我们对图纸的需求，因此采用该图纸。

（2）获取途径

项目图纸由团队指导老师倪燕翎副教授提供。

7.3.2 团队成员分工及进度安排

1. 团队成员及分工

团队指导老师：倪燕翎、吴建华。

团队成员：张昌文、倪家乐、于泽航、王琨。

团队分工及进度安排：

（1）队长张昌文负责团队任务分配及任务把控；Revit 建筑、结构模型建模；GMT 模型修改；PPT 制作；

（2）倪家乐负责 MagiCAD for Revit 暖通系统建模；Tekla 钢结构建模；视频制作；

（3）于泽航负责 MagiCAD for Revit 给水排水及消防喷淋系统建模；Lumion 动画渲染；

（4）王琨负责 MagiCAD for Revit 电系统建模；Navisworks 碰撞检验；

（5）团队在 3 月中旬完成项目的土建模块建模与 VR 建模，4 月份完成水、暖、电三个机电专业基于土建模型建模并进行碰撞检查与调整碰撞点、VDP 软件场景创建及施工现场模拟制作。5 月份完成模型渲染与 PPT 视频制作。

2. 项目任务进度计划关键节点安排

本次 BIM 毕业设计竞赛我们选择的是 C 模块“BIM 建模”。主要任务是完成土建建模、安装建模、Navisworks 碰撞检查以及漫游动画的制作等任务。经过对任务指导书的研究，我们决定按照一模多用的原则来完成各阶段任务。

首先是完成基于 Revit 的土建模型的建立，将模型通过一模多用插件导入广联达土建建模软件 GMT 中进行修改与完善，使其达到 GCL 土建算量软件的绘图标准，并生成二次结构部分的内容。

同时，利用 MagiCAD 软件建立给水排水、电气、暖通等安装模型，通过一模多用插件导入到广联达 BIM 安装算量软件 GQI2017 中，进行安装模型的修改完善。

另外由于本工程比较特殊，采用了拱形钢结构支撑屋架。于是我们又额外进行了钢结构学习，通过 Tekla 软件进行钢结构建模。

土建及安装模型完成之后将导出的 NWC 文件，导入 Navisworks 软件进行碰撞检查并修改优化模型。同时，将土建模型导入到 Lumion 汇总进行漫游视频的制作。

在上述过程中，均只需要建立一遍模型，通过一模多用插件就可以将模型传递到下一阶段，避免了重复建模的过程，节省了大量时间及精力，最大程度上发挥了模型的价值。一个模型可以在多个阶段多个软件中使用，为建筑物在决策、实施、使用阶段都能运用 BIM 技术提供了条件。

7.3.3 项目实施过程简介

1. 工程案例特点及难点分析

（1）本工程案例主要有以下 3 个特点

①屋面两特殊。平曲组合特殊和钢结构造型特殊；

②结构四多。基础种类多、柱数量多、梁尺寸变化多且板变动多；

③建筑布局三挑战。无标准层、长度近 90m 且变形缝、伸缩缝、后浇带多。

（2）实施过程中有以下 4 个难点

①异性构件多，需大量自建族；

②屋顶造型复杂，在 Revit 当中需采用体量建模；

③屋面构造复杂，采用钢结构支撑，识图与建模难度大；

④工程体量大，安装图纸复杂，识图难度高，导致建模难度大。

2. 工程阶段性难点解决方案

在项目实施过程中我们也遇到了很多问题，如：为达到一模多用效果，我们将 Revit 模型导入到广联达 GMT2014 中，但是由于 1 号活动中心异形构件多、工程体量大，所以很多构件无法识别。

为解决这一问题，我们再一次认真研读《Revit 导入广联达 GCL 建模交互规范》，发现了很多建模过程中存在的问题，重新修改模型，减少了很多错误，但是在 Revit 中的体量模型无法识别，最后我们在广联达 GMT2014 中建立难以识别的构件。

武汉光谷智能产业园 1 号活动中心难点展示及解决方法

3. 项目实施经验总结

通过这次大赛，我们团队成员在识图能力方面有了巨大的提升。三维建模也由最初的慢、错、乱变得高效、准确、完整，对比大赛前后，这是一个质变的过程。

在团队协同的过程中，我们可以同时进行电气、给水排水，消防喷淋，以及建筑结构等各个专业间数据的共享和互通，真正实现在共享平台下的协同设计。

总结最大的收获就是以下 3 点：

（1）识图是前提、建族是基础。

（2）软件只是工具、会用才有效。

（3）团队配合太重要、共享协作出成果。

同时我们团队也意识到 BIM 的内涵远不止三维建模 + 参数 + 信息数据库，BIM 技术的落地需要有技术标准和规范，BIM 的推广也离不开政策支持、法律完善以及央企国企的示范作用，最后 BIM 实施尚需 BIM 全生命周期所有参与方了解并认同后打破现有利益链，实现整个行业的协同合作。

7.3.4 工程成果展示

1. 典型、关键部位成果展示

典型、关键部位成果展示如图 7-27、图 7-28 所示。

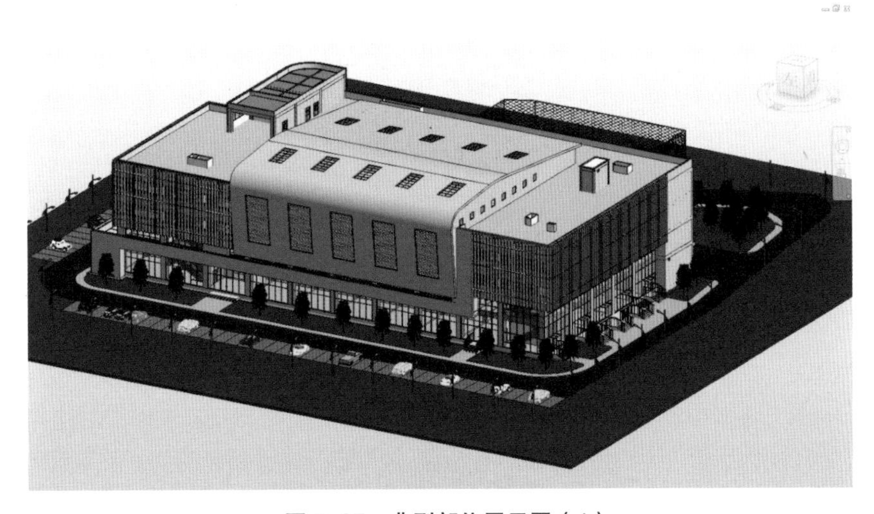

图 7-27 典型部位展示图（1）

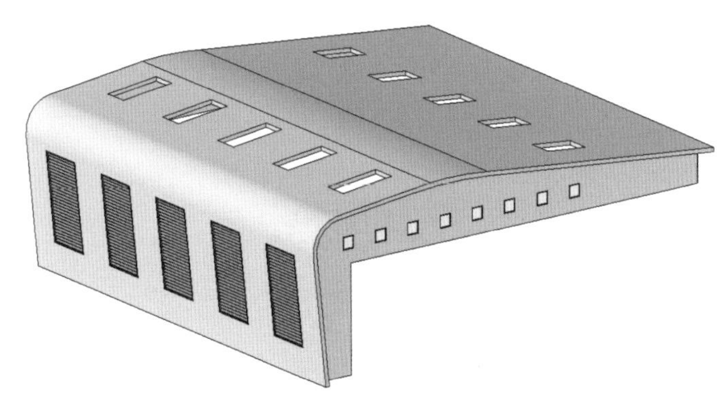

图 7-28 典型部位展示图（2）

2. 工程成果展示视频

（1）特色成果展示视频。

① 1 号活动中心大厅。

武汉光谷智能产业园 1 号活动中心大厅

② 1 号活动中心海景房。

武汉光谷智能产业园 1 号活动中心海景房

③ 1 号活动中心楼梯电梯间。

武汉光谷智能产业园 1 号活动中心楼梯电梯间

④ 1 号活动中心体育馆。

武汉光谷智能产业园 1 号活动中心体育馆

⑤1 号活动中心外部。

武汉光谷智能产业园 1 号活动中心外部

⑥1 号活动中心一天太阳变化。

武汉光谷智能产业园 1 号活动中心一天太阳变化

⑦1 号活动中心雪景。

武汉光谷智能产业园 1 号活动中心雪景

⑧1 号活动中心雨景。

武汉光谷智能产业园 1 号活动中心雨景

（2）阶段性关键内容解说视频。

1 号活动中心阶段关键解说视频。

武汉光谷智能产业园 1 号活动中心关键解说

（3）核心成果展示视频。

1 号活动中心核心成果展示。

武汉光谷智能产业园 1 号活动中心核心成果展示